数据加密解密技术

杨 静 张天长 主编

U0250356

WUHAN UNIVERSITY PRESS

武汉大学出版社

图书在版编目(CIP)数据

数据加密解密技术/杨静,张天长主编.—武汉:武汉大学出版社,2017.5(2021.6 重印)

ISBN 978-7-307-19281-2

Ⅰ.数… Ⅱ.①杨… ②张… Ⅲ.①密码—加密技术 ②密码—解密译码 Ⅳ.TN918.4

中国版本图书馆 CIP 数据核字(2017)第 090495 号

责任编辑:叶玲利 责任校对:李孟潇 版式设计:马 佳

出版发行:**武汉大学出版社** (430072 武昌 珞珈山)

(电子邮箱:cbs22@whu.edu.cn 网址:www.wdp.com.cn)

印刷:广东虎彩云印刷有限公司

开本:787×1092 1/16 印张:14.5 字数:342 千字 插页:1

版次:2017 年 5 月第 1 版 2021 年 6 月第 2 次印刷

ISBN 978-7-307-19281-2 定价:42.00 元

前　言

在当今社会，信息主导并改变着社会活动的方方面面，因此，信息安全问题显得尤为重要。信息安全问题涉及国家安全、社会公共安全，直接关系到世界各国重大国家利益；信息安全问题是互联网经济的制高点，也是推动互联网、电子政务和电子商务发展的关键。因此，研究和发展信息安全技术是当前社会的迫切要求。信息安全涉及很多技术和知识，密码技术是其中一个重要的组成部分。由密码学发展起来的密码技术，不仅大量应用于军事、政治、经济领域，同时也构成了整个信息安全技术体系的理论基础。由于计算机及网络使用的日益深入和广泛，密码技术的重要性也越来越突出。为了培养高素质的网络安全与执法人才，切实加强网络安全与执法专业建设，在湖北警官学院教材编写委员会的大力支持下，信息技术系组织专门力量编写了《数据加密解密技术》一书。本书从信息安全技术体系出发，对密码学、密码技术、加密解密技术等理论知识进行了详细的阐述，重点介绍了数据加密解密技术的实战应用，包括各种加密解密方法和相关软件的使用，以及加密解密技术在网络中的应用。本书适用于网络安全与执法专业的学生，也可以作为从事该方面工作人员的参考书。

本书由杨静、张天长主编，杨静负责全书的架构设计和内容统编，全部书稿由张天长审定。其中第一章由张天长编写，第二章由罗世奇编写，第三章由黄凤林编写，第四章由龚德忠编写，第五、六、七、八、九章由杨静编写。该书的编写得到了湖北省教育厅人文社会科学研究项目"信息化时代社会治安管理研究"（项目编号：16Y144）、湖北省教育厅科研重点项目"'互联网+'环境下网络虚拟社会秩序管控体系研究"（项目编号：D20164202）和2017年湖北省自然科学基金项目"深度学习的Android恶意代码检测与分析"（项目编号：2017CFB745）的大力支持。

数据的加密与解密技术涉及范围广泛，发展快速，我们在编写过程中参考了许多作者的研究资料，并在附录的参考文献中一一列出，在此表示深深的感谢。由于编者水平有限，书中存在着或多或少的不足之处，希望读者不吝赐教。

编　者
2017年3月

目　　录

1 信息安全技术体系中的密码学

1.1 信息安全技术基础理论

1.1.1 信息

美国数学家、控制论的奠基人诺伯特·维纳对信息的定义是，信息是人们在适用外部世界和控制外部世界的过程中，同外部世界进行交换的内容名称。我国信息论专家钟义信认为，信息是事物运动的状态与方式，是物质的一种属性。在这里，"事物"泛指一切可能的研究对象，包括外部世界的物质客体，也包括主观世界的精神现象；"运动"泛指一切意义上的变化，包括机械运动、化学运动、思维运动和社会运动；"运动方式"是指事物运动在时间上所呈现的过程和规律；"运动状态"则是事物运动在空间上所展示的形状与态势。钟义信还指出，信息不同于消息，消息只是信息的外壳，信息则是消息的内核；信息不同于信号，信号是信息的载体，信息则是信号所载荷的内容；信息不同于数据，数据是记录信息的一种形式，同样的信息也可以用文字或图像来表述。信息还不同于情报和知识。总之，"信息即事物运动的状态与方式"这个定义具有最大的普遍性，不仅能涵盖所有其他的信息定义，还可以通过引入约束条件转换为所有其他的信息定义。

信息的基本特征：

1. 未知性或不确定性；
2. 由不知到知等效为不确定性集合元素减少；
3. 可以度量；
4. 可以产生、消失，可以被携带、存储、处理；
5. 可以产生动作。

1.1.2 信息论

从信息的特征可以看出，信息理论要回答的问题很多。作为基础理论，信息论强调用数学语言来描述信息科学中的共性问题及解决方案。信息论分为狭义信息论、广义信息论、一般信息论。

狭义的信息论：主要总结了香农的研究成果，它在信息的度量的基础之上，研究了如何有效、可靠地传输信息。

广义信息论：不仅包括前两项的研究内容，而且包括所有与信息有关的领域。

1

一般信息论：主要研究通信问题，但还包括噪声理论，信号滤波与预测、调制、信息处理等问题。

信息论的产生与发展，使得信息更高效地传输，便捷了人们的生活。但是在信息传输的过程中，一些不法分子利用信息系统自身的漏洞进行违法犯罪活动，如信息的窃取、信息诈骗、信息攻击与破坏，信息安全问题日益突出。为凸显出信息安全学科的重要性，2015 年 6 月，国务院学位委员会和教育部正式增设网络空间安全一级学科。如何保障信息有效的传输，满足 CIA（confidentiality、integrity、availability）即机密性、完整性、可用性成为信息安全的首要问题，于是信息安全保障技术日益发展，就是为了满足社会和国家的需要。

1.1.3　信息安全保障

信息安全保障是指在信息系统的整个生命周期中，通过分析信息系统的风险，制定并执行相应的安全保障策略，从技术、管理、工程和人员等方面提取的安全保障要求，确保信息系统的机密性、完整性、可用性，降低安全风险到可接受的程度，保障信息系统能够实现组织机构的使命。

1.1.4　信息安全发展

信息安全发展主要经历以下三个阶段：通信保密阶段、计算机安全阶段、信息安全保障阶段。

通信保密阶段：当代信息安全学起源于 20 世纪 40 年代的通信保密；

计算机安全阶段：20 世纪 60 年代和 70 年代，计算机安全的概念开始逐步得到推行；

信息安全保障阶段：20 世纪 90 年代以后，开始倡导信息保障。

1.2　信息安全数学基础

1.2.1　代数结构

由集合以及集合上的运算组成的数学结构称为代数结构（也称为代数系统）。代数结构是抽象代数的一个主要内容，它研究的中心问题是集合上的抽象运算及运算的性质和结构。研究抽象代数结构的基本特征和基本结构，不仅能深化代数结构的理论研究，也能扩展其应用领域。

定义 1：S 为非空集合，映射 $f: S^n \rightarrow S$ 称为 S 上的 n 元运算。

由集合 S 及 S 上的封闭运算 $f_1, f_2, \cdots, f_k$ 所组成的系统就称为一个代数系统，记作 $<S, f_1 f_2, \cdots, f_k>$，或 $(S, f_1, f_2, \cdots, f_k)$。

一个代数系统需要满足以下三个条件：

- 有一个非空集合 S；
- 有一些建立在集合 S 上的运算；
- 这些运算在 S 上是封闭的。

定义 2：设 S 为集合，函数 $f: S \rightarrow S$ 称为 S 上的一元运算。

定义 3：设 o 为 S 上的二元运算，对于任意 $x, y \in S$，都有 $xoy = yox$，则称运算 o 是可交换的，或者运算 o 在 S 上满足交换律。

定义 4：设 o 为 S 上的二元运算，对于任意 $x, y, z \in S$，都有 $(xoy)oz = xo(yoz)$，则称运算 o 是可结合的，或者运算 o 在 S 上满足结合律。

定义 5：设 o 为 S 上的二元运算，对于任意 $x \in S$，都有 $xox = x$，则称该运算 o 适合幂等律。

定义 6：设 o 和 $*$ 为 S 上的二元运算，对于任意 $x, y, z \in S$，有 $xo(y * z) = (x * y) o (x * z)$，称运算 o 对 $*$ 是可分配的，或者运算 o 对 $*$ 在 S 上满足分配律。

定义 7：设 o 和 $*$ 为 S 上的二元运算，对于任意 $x, y \in S$，都有 $x * (xoy) = x$，$xo(x * y) = x$，则称运算 o 和 $*$ 满足分配律。

定义 8：一个代数系统 $(S, *)$，若存在一个元素 $e \in U$，使得对 $x \in S$，有 $e * x = x * e = x$，则称 e 为对于运算 "$*$" 的单位元，也称幺元。

定义 9：一个代数系统 (S, o)，若存在一个元素 $e_l \in S$，使得对任意 $x \in S$，有 $e_l ox = x$，则称 e_l 为对于运算 "o" 的左幺元。

若存在一个元素 $e_r \in S$，使得对任意 $x \in S$，有：$xoe_r = x$，则称 e_r 为对于运算 "o" 的右幺元。若 $\theta \in S$，对于运算 o 既是左幺元又是右幺元，则称 θ 为 S 上关于 o 运算的零元。

定义 10：设 o 为 S 上的二元运算，e 为 o 运算的单位元，对于 $x \in S$，如果存在 $y_l \in S$，或者 $y_r \in S$，使得 $y_l ox = e$，或者 $xoy_r = e$，那么 y_l 称为 x 的左逆元，y_r 称为 x 的右逆元。若 $y \in S$ 既是 x 的左逆元，又是 x 的右逆元，则称 y 是 x 的逆元。如果 x 的逆元存在，则称 x 是可逆的。

定义 11：设 o 为 S 上的二元运算，对于任意 $x, y, z \in S$，满足

（1）若 $xoy = xoz$ 且 $x \neq 0$，则 $y = z$；

（2）若 $yox = zox$ 且 $x \neq 0$，则 $y = z$；那么称 o 运算满足消去律，其中（1）称作左消去律，（2）称作右消去律。

定义 12：代数系统的定义：X 是非空集合，X 上的 m 个运算，$f_1, f_2, \cdots, f_m$ 构成代数系统 U，记作 $U = <X, f_1, f_2, \cdots, f_m>(m \geq 1)$

定义 13：有限代数系统：$U = <X, f_1, f_2, \cdots, f_m>$ 是个代数系统，如果 X 是个有限集合，则称 U 是个有限代数系统。

定义 14：同类型代数系统：给定两个代数系统 $U = <X, f_1, f_2, \cdots, f_m>$，$V = <Y, g_1, g_2, \cdots, g_m>$ 如对应的运算 f_i 和 g_i 的元数相同 $(i = 1, 2, 3, \cdots, m)$，则称 U 与 V 是同类型代数系统。

定义 15：设 $V = <X, f_1, f_2, \cdots, f_k>$ 是代数系统，B 是 S 的非空子集，如果 B 对 $f_1, f_2, \cdots, f_k$，都是封闭的，且 B 和 S 含有相同的代数常数，则称 $<B, f_1, f_2, \cdots, f_k>$ 是 V 的子代数系统，简称子代数。

V 的最大的子代数就是 V 本身，如果 V 中所有代数常数构成集合 B，且 B 对 V 中所有运算封闭，则 B 就构成了 V 的最小的子代数。最大和最小子代数称为 V 的平凡的子代数。若 B 是 S 的真子集，则 B 构成的子代数称为 V 的真子代数。

定义 16：设 $V_1 = <S_1, o>$ 和 $V_2 = <S_2, *>$ 是代数系统，其中 o 和 $*$ 是二元运算，V_1 与 V_2 的积代数是 $V = <S_1 \times S_2, \cdot>$。

定义 17：设 $V_1 = <S_1, o>$ 和 $V_2 = <S_2, *>$ 是代数系统，其中 o 和 $*$ 是二元运算，$f: S_1 \rightarrow S_2$，且对任意 $x, y \in S_1$，$f(xoy) = f(x) * f(y)$，则称 f 为 V_1 到 V_2 的同态映射，简称同态。

1.2.2 域中的多项式

定义 18：如果群 $<G, *>$ 中的二元运算 $*$ 是可交换的，则称该群为阿贝尔群，也叫交换群。即 $G = <S_1, S_2, \cdots, S_m>$，$S_i * S_k = S_k * S_i$。

域的定义：若代数系统 $<F, +, \cdot>$ 具有 (1) $|F| > 1$，(2) $<F, +>$，$<F - \{0\}, \cdot>$ 均是阿贝尔群，(3)乘法对加法可分配，则称它是域。

普通多项式：一个 $n(n \geq 0)$ 次多项式的表述如下：$f(x) = a_n x^n + a_{n-1} x^{n-1} \cdots a_k x^k + \cdots + a_1 x^1 + a_0 x^0 = \sum_{i=0}^{n} a_i x^i$

系数在 Z_p 中的多项式运算：在 Z_5 中元素个数为 5 个 $\{0, 1, 2, 3, 4\}$，S 中 $3^{-1} = 2$，$4/3 = (4 * 3^{-1}) \bmod 5 = 3$ 并不是 $4/3 = 1 + 1/3$，因为在 Z_5 中 $1/3 = 2$。那么域中的多项式：给定 n 次多项式 $f(x)$ 和 m 次多项式 $g(x)$，$m \leq n$，$g(x)$ 除以 $f(x)$ 商为 $q(x)$，余数 $r(x)$，各多项式的次数为 $d(f(x)) = n$，$d(g(x)) = m$，$d(q(x)) = n - m$，$d(r(x)) \leq m - 1$

多项式的模运算：$GF(2^8)$ 中，即约多项式为 $m(x)$

$$m(x) = x^8 + x^4 + x^3 + x + 1 \quad f(x) = x^6 + x^4 + x^2 + x + 1 \quad g(x) = x^7 + x + 1$$

$$f(x) * g(x) = x^{13} + x^{11} + x^9 + x^8 + x^6 + x^5 + x^4 + x^3 + 1$$

$$f(x) * g(x) \bmod m(x) = x^7 + x^6 + 1$$

1.2.3 整除性和除法

设 a、b 是两个整数，其中 $b \neq 0$，如果存在一个整数 q 使得等式 $a = bq$ 成立，就称 b 整除 a 或者 a 被 b 整除，记作 $b \mid a$，并把 b 叫做 a 的因数，把 a 叫做 b 的倍数。这时，q 也是 a 的因数，我们常常将 q 写成 $a \mid b$ 或 $\dfrac{b}{a}$。

定理 1 设 a，$b \neq 0$，$c \neq 0$ 是三个整数，若 $c \mid b$，$b \mid a$，则 $c \mid a$。

定理 2 设 a，b，$c \neq 0$ 是三个整数，若 $c \mid a$，$c \mid b$，则 $c \mid a \pm b$。

定理 3 设 a，b，c 是三个整数，若 $c \mid a$，$c \mid b$ 则对任意整数 s，t，有 $c \mid sa + tb$。

定理 4 若整数 $a_1, \cdots, a_n$ 都是整数 $c \neq 0$ 的倍数，则对任意 n 个整数 $s_1, \cdots, s_n$，整数 $s_1 a_1 + \cdots + s_n a_n$ 是 c 的倍数。

定理 5 设 a，b 都是非零整数。若 $a \mid b$，$b \mid a$，则 $a = \pm b$。

欧几里得除法：设 a，b 是两个整数，其中 $b > 0$，则存在唯一的整数 q，r 使得 $a = bq + r$，$0 \leq r < b$。

1.2.4 素数、素数与 RSA

数论主要关心的是素数，实际上数论也主要是围绕这一主题来展开的。

何为素数？整数 $p>1$ 是素数当且仅当它只有因子 1，-1，-p，p。任意一个素数 $a>1$ 都可以唯一地分解为 $a=p_1^{a_1} \times p_2^{a_2} \times p_3^{a_3} \times p_4^{a_4} \times \cdots \times p_i^{a_i} \cdots \times p_t^{a_t}$，其中 $p_i(1 \leq i \leq t)$ 均是素数。$p_1 < p_2 < \cdots < p_i < p_t$，且所有 a_i 都是正整数。

RSA 加密算中的数学原理就是**大素数分解问题**。

RSA 加密算法简史：RSA 是 1977 年由罗纳德·李维斯特(Ron Rivest)、阿迪·萨莫尔(Adi Shamir)和伦纳德·阿德曼(Leonard Adleman)一起提出的。当时他们三人都在麻省理工学院工作。RSA 就是他们三人姓氏开头字母拼在一起组成的。

公钥与密钥的产生：

假设 Alice 想要通过一个不可靠的媒体接收 Bob 的一条私人信息。她可以用以下的方式来产生一个公钥和一个私钥：

1. 随意选择两个大的质数 p 和 q，p 不等于 q，计算 $N=pq$。

2. 根据欧拉函数，求得 $r=(p-1)(q-1)$。

3. 选择一个小于 r 的整数 e，求得 e 关于模 r 的模反元素，命名为 d。(模反元素存在，当且仅当 e 与 r 互质)

4. 将 p 和 q 的记录销毁。

(N, e) 是公钥，(N, d) 是私钥。Alice 将她的公钥 (N, e) 传给 Bob，而将她的私钥 (N, d) 藏起来。

加密消息：

假设 Bob 想给 Alice 送一个消息 m，他知道 Alice 产生的 N 和 e。他使用起先与 Alice 约好的格式将 m 转换为一个小于 N 的整数 n，比如他可以将每一个字转换为这个字的 Unicode 码，然后将这些数字连在一起组成一个数字。假如他的信息非常长的话，他可以将这个信息分为几段，然后将每一段转换为 n。用下面这个公式他可以将 n 加密为 c：$n^e \equiv c \pmod{N}$，计算 c 并不复杂。Bob 算出 c 后就可以将它传递给 Alice。

解密消息：

Alice 得到 Bob 的消息 c 后就可以利用她的密钥 d 来解码。她可以用以下这个公式来将 c 转换为 n：$c^d \equiv n \pmod{N}$，得到 n 后，她可以将原来的信息 m 重新复原。

解码的原理是：

$c^d \equiv n^{e \cdot d} \pmod{N}$ 以及 $ed \equiv 1 \pmod{p-1}$ 和 $ed \equiv 1 \pmod{q-1}$。

由费马小定理可证明，因为 p 和 q 是质数。

$n^{e \cdot d} \equiv n \pmod{p}$ 和 $n^{e \cdot d} \equiv n \pmod{q}$

这说明：因为 p 和 q 是不同的质数，所以 p 和 q 互质。

$n^{e \cdot d} \equiv n \pmod{p * q}$

1.2.5 有限域 $GF(p)$、有限域 $GF(2n)$、$GF(2n)$ 与 ECC

有限域：非空集合 F，若 F 中定义了加和乘两种运算，且满足：

1. F 关于加法构成阿贝尔群，加法恒等元记为 0；

2. F 中所有非零元素对乘法构成阿贝尔群，乘法恒等元记为 1；

3. 加法和乘法之间满足分配律。

则 F 与这两种运算构成域，当域元素个数有限时，称为有限域或伽罗瓦(Galois)域，记为 GF，并把元素的个数 n 称为 F 的阶，记为 $GF(n)$，否则称为无限域。

椭圆曲线并不是椭圆，之所以称为椭圆曲线是因为它们与计算椭圆周长的方程相似。椭圆曲线可以定义在不同的有限域上，对我们最有用的是定义在 $GF(p)$ 上的椭圆曲线和定义在 $GF(2^n)$ 上的椭圆曲线。

1. $GF(p)$ 上的椭圆曲线

定义 19：设 p 是大于 3 的素数，且 $4a^3+27b^2\neq 0$，则称曲线 $y^2=x^3+ax+b$，a, $b\in GF(p)$ 为 $GF(p)$ 上的椭圆曲线。

2. $GF(2^n)$ 上的椭圆曲线

定义 20：设 p 是大于 3 的素数，且 $4a^3+27b^2\neq 0$，则称曲线 $y^2+xy=x^3+ax+b$，a, $b\in GF(2^m)$ 为 $GF(2^m)$ 上的椭圆曲线。

1.2.6 离散对数、离散对数与 ELGamal

(1)模 n 的整数幂

欧拉函数：现在有一个素数 p，$\varphi(n)$ 表示小于 n 并且与 n 互素的正整数的个数，对于素数 p，$\varphi(p)=p-1$。

对于任意互素的 a 和 n，$a^{\varphi(n)}\equiv 1(\text{mod } n)$。

则至少有一个整数 m 满足，$a^m\equiv 1(\text{mod } n)$，即 $M=\varphi(n)$，$a^m\equiv 1(\text{mod } n)$ 中成立的最小正幂 m 为下列之一。

- a(模 n)的阶
- a 所属的模 n 的指数
- a 所产生的周期长

(2)模算术对数

$$y=x^{\log_x(y)}$$，其中 $\log_x(1)=0$，$\log_x(x)=1$，$\log_x(yz)=\log_x(y)+\log_x(z)$

$$\log_x(y^r)=r\log_x(y)。$$

对于某素数 p(对于非素数也可以)的本原根 a，a 的 1 到 $p-1$ 的各次幂恰可产生 1 到 $p-1$ 的每个整数一次仅一次。而对任何整数 b，根据模运算的定义，b 满足 $b\equiv r(\text{mod } p)$，$0\leqslant r\leqslant p-1$。

因此对于任何整数 b 和素数 p 的本原根 a，有唯一的幂 i 使得 $b\equiv a^i(\text{mod } p)$，$0\leqslant i\leqslant p-1$。该指数 i 称为以 a 为底(模 p)b 的对数，$i=\log_{a(\text{mod}p)}(b)$

离散对数的计算，考虑 $y=g^x(\text{mod } p)$ 对给定 g, x, p 可以直接计算出 y。

(3)ElGamal 提出的一种基于离散对数的公开密码体制，系统用户选择一个素数 q，α 是 q 的素根。

用户 A 生成的密钥对如下：

(1)随机生成整数 X_A，使得 $1<X_A<q-1$；

(2)计算 Y_A，$Y_A=a^{X_A}\text{mod } q$；

(3) A 的私钥 X_A，公钥 $\{q, \alpha, Y_A\}$。其他任意用户 B 通过 A 的公钥可以加密信息：

①将信息表示为一个整数 M，$1 \leqslant M \leqslant q-1$，以分组密码序列的方式来发送信息，其中每个分块的长度不小于整数 q；

②选择任意整数 k，$1 \leqslant k \leqslant q-1$，计算一次密钥 $K=(Y_A)^k \bmod q$。

(4) 将 M 加密成明文对 (C_1, C_2)：$C_1 = \alpha^k \bmod q$ $C_2 = KM \bmod q$ 用户 A 恢复明文：

①通过计算 $K=(C_1)^{X_A} \quad \bmod q$；

②计算 $M=C_2 K^{-1} \quad \bmod q$。

1.3 密码学简介

学习密码学，我们首先需了解一下加密和解密。加密是按照特定的公式，对各种明文信息进行变换，以隐藏其真正的意义和内容；而解密可以说是加密的逆过程，只有通过解密将密文还原，我们才能知道那些看似无序的密文中隐藏着什么含义。密码学是一门研究编制密码和破译密码的科学。它实际上是指两个部分，其中研究密码变化的客观规律，应用于编制密码以保守通信秘密的称为编码学；应用于破译密码以获取通信情报的称为破译学，总称密码学。

密码是通信双方按约定的法则进行信息特殊变换的一种重要保密手段。依照这些法则，将明文变换为密文，称为加密变换；将密文变换为明文，称为解密变换。密码学在早期仅研究针对文字或数字进行的加、解密变换，然而随着通信技术的发展，针对语音、图像、数据等各种数据加、解密进行的研究越来越深入。

密码学是在编码与破译的实践中逐步发展起来的，并随着先进科学技术的应用，发展成为一门综合性的尖端技术科学。它与语言学、数学、电子学、声学、信息论、计算机科学等有着广泛而密切的联系。它的现实研究成果，特别是各国政府采用的密码编制及破译手段都具有高度的机密性。

中国古代的某些秘密通信手段，已经比较近似于密码的雏形。宋曾公亮、丁度等编撰的《武经总要》中有记载，北宋前期，在作战中曾用一首五言律诗的 40 个汉字，分别代表 40 种情况或要求，这种方式已具有了密码本的特点。

1871 年，上海大北水线电报公司选用 6899 个汉字，代以四码数字，制成了中国最初的商用明码本，同时也设计了由明码本改编为密本及进行加乱的方法，并在此基础上逐步发展出各种比较复杂的密码。

在欧洲，公元前 405 年，斯巴达的将领曾经使用了原始的错乱密码；公元前 1 世纪，古罗马皇帝恺撒曾使用有序的单表代替密码，后人在此基础上逐步发展出了密码本、多表代替等各种密码体制。

20 世纪初，产生了最初可以使用的机械式和电动式密码机，同时也出现了一些商业密码机公司。20 世纪 60 年代后，电子密码机得到较快发展和广泛应用，密码学的发展进入了一个新的阶段。

密码破译是随着密码的使用而逐步产生和发展的。1412 年，波斯人卡勒卡尚迪所编著的《百科全书》中载有破译简单代替密码的方法。到 16 世纪末期，欧洲一些国家设有专职的破译人员，以破译截获的密信，密码破译技术有了相当的发展。1863 年普鲁士人卡西斯基所著《密码和破译技术》，以及 1883 年法国人克尔克霍夫所著《军事密码学》等著作，都对密码学的理论和方法做了一些论述和探讨。1949 年美国人香农发表了《秘密体制的通信理论》一文，运用信息论的原理系统地分析了密码学中的一些基本问题。

自 19 世纪以来，由于电报特别是无线电报的广泛使用，为密码通信和第三者的截获都提供了极为有利的条件，通信保密和破译之间形成了一场十分激烈的暗战。

1917 年，英国破译了德国外长齐默尔曼的电报，促成了美国对德宣战。1942 年，美国从破译日本海军密报中，获悉日军对中途岛地区的作战意图和兵力部署，从而以劣势兵力击破了日本海军的主力，扭转了太平洋地区的战局。在保卫英伦三岛和其他许多著名的历史事件中，密码破译的成功都起到了极其重要的作用，这些事例也从反面说明了密码保密的重要性和意义。

世界上各个国家的政府都十分重视密码保护工作，有些国家甚至设立了庞大的机构，拨出巨额经费，集中数以万计的专家和科技人员，投入大量的高速计算机和其他先进设备进行研究。与此同时，民间企业和学术界也对密码学日益重视，不少数学家、计算机专家等也都纷纷投身于密码学的研究行列，更加速了密码学的发展。

密码学是信息安全的核心，在信息安全技术体系中的起着极其重要的作用。

①用加密来保护信息

利用密码变换将明文变换成只有合法者才能恢复的密文，这是密码最基本的功能。信息的加密保护包括传输信息和存储信息两方面，相比较而言，后者解决起来难度更大。

②采用密码技术对发送信息进行验证

为防止传输和存储的消息被有意或无意地篡改，采用密码技术对消息进行运算生成消息验证码（MAC），附在消息之后发出或与信息一起存储，对信息进行认证。它在票据防伪中具有重要应用，如税务的金税系统和银行的支付密码器。

③采用数字证书来进行身份鉴别

数字证书就是网络通信中标志通信各方身份信息的一系列数据，是网络正常运行所必需的。过去常采用通行字，但安全性差，现在一般采用交互式询问回答，在询问和回答过程中采用密码加密。特别是采用密码技术的带 CPU 的智能卡，安全性好。在电子商务系统中，所有参与活动的实体都需要用数字证书来表明自己的身份，数字证书从某种角度上说就是"电子身份证"。

④数字指纹

在数字签名中有重要作用的"报文摘要"算法，即生成报文"数字指纹"的方法，近年来备受关注，构成了现代密码学的一个重要侧面。

⑤利用数字签名来完成最终协议

在信息时代，电子数据的收发使我们过去所依赖的个人特征都将被数字代替，数字签名的作用有两点：一是因为自己的签名难以否认，从而确认了文件已签署这一事实；二是因为签名不易仿冒，从而确定了文件是真的这一事实。

2　密　码　技　术

2.1　密码技术概述

由密码学发展起来的密码技术，不仅大量应用于军事、政治、经济领域，同时，也构成了整个信息安全技术体系的理论基础，特别是计算机及网络使用的日益深入和广泛，密码技术的重要性越来越突出。在计算机安全系统中，很大一部分就是依赖于密码技术，密码技术的基本思想是伪装信息，即对数据进行一组可逆的数学变换。密码技术和计算机安全技术虽然开始时是在不同的条件和目标下提出的，发展历史和背景不尽相同，但随着它们相依相存的发展，可以说某种程度上已经密切交融在一起了(当然并不是合而为一)。两者无论从加密算法的研究和设计，密码分析方法(即破译方法)的研究和分析，都在共同的目标下，为现代信息社会的有序化、合理化作出了重要贡献。

2.1.1　为什么要进行加密

自从有了人类社会，作为社会构成单位的人就会对他(或她)的隐私自然而然地提出保密的要求。激烈的市场竞争使得没有一个商家不把自己的很多资料作为机密信息，同时，企业间商业往来的数据资料也是不能向任何第三者透露的。一条信息的失密完全可能造成一笔生意告吹，乃至给一个企业造成很大的经济损失。在军事计算机系统、国防计算机系统和外交计算机系统中，信息的机密性对一个国家的安全或外交政策是极端重要的。在信息化的当代社会，计算机和通信网络已日益结合并得到广泛应用，它们在给人们的生活和工作带来方便的同时，也带来了许多需要解决的问题，最突出的就是信息安全保密问题。但是，是否只有在计算机网络通信中才有安全保密问题呢?

随着计算机技术的发展，计算机系统的概念变得越来越模糊，外延也越来越大。单个的个人计算机可以称之为一个计算机系统，一个局域网也可以称为一个计算机系统，甚至因特网 Internet 这样的系统中，包含着许许多多的服务器、网络通信设备等硬件设施，它们也可以称为一个计算机系统。从系统的角度来看，一个系统的安全强度取决于其中每一个部件的安全强度，任何一个部件安全上的漏洞都会成为整个系统的安全脆弱点。可见，一个系统的安全强度不是由系统中最安全的部件的安全强度决定的，而恰恰相反，取决于系统中最不安全的部件的安全强度。

一个计算机系统，尤其是常见的计算机系统中，大多数是基于计算机网络的。计算机网络好比是日常生活中的公路或是铁路交通网络，各企业或机构的服务器好比现实生活中的货物仓库,这些货物仓库不仅要有专门人看守,而且在货物的运输过程中要确保货物通过公路或铁路安全地送达目的地。在计算机网络系统中,类似的情况是服务器上的数据只允许一部分应该看到的用户才能看到,而且数据在从一个机器到另一个机器的传输过程中必须保证它们不会被非法用户看见,更不允许它们被非法篡改。

可见,安全保密问题不仅存在于计算机网络通信中,而且存在于系统中的非网络通信部分,尤其是那些存有大量数据的计算机操作系统和数据库系统中。

操作系统安全和数据库安全的实现在一定程度上都使用了密码技术,因此计算机保密问题不仅仅存在于计算机网络的安全通信中,还同时存在子计算机操作系统和数据库系统中,而且几乎所有的计算机系统的信息安全保密问题都使用了密码学的研究成果。可见这里讨论密码与计算机系统安全是很必要的。

现在,国际互联网上的各种站点几乎都有各种各样的安全措施,例如防火墙(firewall)、网络软件加密狗等,但是,这些都是系统或网站层次的安全设施。对于广大用户来说,更为直接、更为有效的方法,就是使用信息加密技术。

加密技术是一门实用的技术,有着悠久的历史。过去,加密技术仅被军事和间谍人员以及某些大型商业企业所采用,应用范围十分有限。加密学也是一门与数学有关的深奥科学,有能力研究加密学的人为数不多,恐怕这也是它鲜为人知的原因。随着互联网的商业化,这门古老的加密技术在社会上得到了从未有过的广泛关注。

在安全方面要求并不高的小型企业或个人用户的系统中,对数据加密也是很有必要的。现在常用的软件,从操作系统、数据库到常用的应用软件,或多或少地使用了加密技术。随着计算机硬件技术的迅猛发展,加密的强度和加密的方法也是逐渐提高和变得多样化。有了加密技术,计算机网络才会变得更加的成熟。

2.1.2　信息是怎么进行加密的

现在的电子商务就是建立在互联网平台上的,互联网中无线服务在安全与保密方面明显地令人忧虑,因为无线电信号易被窃听,即使有线网络也能被抽头。信息高速公路软件必须采用加密传送以防止窃听。

因为经济和军事原因,政府很早就懂得了保守信息秘密的重要性,保护个人、商业、军事或外交信息安全的需要吸引了几代人的关注。解读一条编码的信息总是让人感到高兴。查尔斯·巴比奇使 19 世纪中叶的译码艺术取得了戏剧性的进展,他曾经写道:"就我看来,译码是最令人着迷的艺术之一,并且我恐怕在它上面浪费了太多时间。在我还是个孩子时,我就发现它很迷人。那时和各地的孩子们一样,我们一群人用简单的密码做游戏。我们用字母表中的一个字代替另一个,这样就把信息编成了密码。一个朋友发给我一条以 'ULFW NZXX' 开头的密码电文,我就很容易猜出它表示 'DEAR BILL',其中 U 代表 D,L 代表 E,依此类推。有了这七个字母,迅速解开其他密码就毫无困难了。"

过去的战争胜利了或失败了,取决于世界最强有力的政府有没有编制密码的能力,而这种能力今天任何一个有个人计算机并对此感兴趣的中学生都具备。不久以后,任何会使用计算机的孩子都会传输密码信息,而地球上的任何政府都会觉得它难以破译。这就是神奇的计算能力传播的深刻寓意之一。

如果你通过信息高速公路发出一条信息，你的计算机或其他的信息装置就可以用只有你才能使用的数字签字"签名"，信息将被加密，因此只有其特定的接收者方可破译。你可以发出一条信息，它可以是各种文字、声音、图像或数字。接收者基本上可以肯定这条信息确实是你发出的，在指定时间发出，没有经过丝毫篡改而且其他人无法将它破译。

使这种现象成为可能的机械装置根据的是数学原理，其中包括"单向功能"和"公共密钥加密"原理。这些都是高深的概念，所以在后面的描述中，准备对它们一带而过。但是不管这个系统在技术上是多么复杂，它使用起来却是极其简单。只要告诉信息装置做什么，一切就会毫不费力地发生。

"单向功能"是一种操作要比解开容易的功能。打碎一片玻璃是单向功能，但这对编码来说毫无用处。密码术所需的单向功能是：知道一条特殊信息，解码就会异常简单，而不知这条信息，解码就会十分困难。数学中有很多单向功能，其中之一与质数有关。孩子们在学校里就学过质数，质数只能被 1 和它本身整除。在前 12 个数字中，2、3、5、7、11 是质数，4、6、8、10 不是质数，因为它们都还可被 2 整除。9 这个数不是质数，因为它还可被 3 整除。质数的个数是无限的，而且它们除了是质数外，没有其他特征。如果把两个质数相乘，所得的数字也能被这两个质数整除。举例来说，35 能被 7 和 5 整除，寻找这样的质数叫做"分解因子"。

将两个质数 11927 和 20903 相乘，可以很容易地得出 249310081。但是将它们的积分解因子得出上述两个质数却要困难得多。这种单向功能，也就是分解因子的困难，预示了一种巧妙的密码：目前使用的一种最复杂的加密系统，即使最大型的计算机将一个大的乘积数分解还原为组成此数的两个质数也要很长时间。建立在分解因子上的密码系有两个不同的译码钥，一个用来给信息加密，另一个不同，它是用来解密的。有了加密钥，把信息译成密码就相当简单，但只用它在可行时间内解密却不太可能。解密需要一个单独的钥，只有信息的特定接收者或者不如说接收者的计算机方可拥有。加密钥的基础是两个巨大的质数的乘积，而解密钥的基础则是质数本身。一台计算机可在瞬间内造出一对新的独特的密钥，因为对于计算机来说，选出两个大的质数并把它们相乘非常容易。加密钥造出后可公之于众从而不会冒任何危险，因为即使另一台计算机将其分解因子后来取得解密钥也是非常困难的。

对这种加密方法的实际应用将成为信息高速公路安全系统的核心。世界将会依赖使用这一网络，因此有效地处理安全性非常关键。你可以把信息高速公路想象成一个邮政网络，在那里人人有一个邮箱，它不可被篡改并且有一把牢固的锁。每一邮箱都有一个狭缝，因此每个人都可放入信息，但只有邮箱的主人才可以用钥匙取出信息。一些政府会坚决主张邮箱有第二道门，门钥匙由政府保管，但在这里将忽略政府方面的因素而集中讨论软件可提供的安全性。

每一个用户的计算机或其他的信息装置会使用质数来创造一个公开的加密钥和一个相应的只有用户本人知道的解密钥。在应用中它是这样工作的：我有信息要发给你。我的信息装置或计算机系统查找你的加密钥并在发出之前将信息加密。虽然你的密钥是公开的，但没有人能读懂加密的信息，因为公开密钥中不包含解密所需的信息。你收到信息后，你的计算机会用与你的公开密钥相对应的私人密钥将信息解密。

你想答复，于是你的计算机就会查找我的公开密钥，然后用它给你的答复加密。无人可读这条信息，尽管它是用公开密钥加密的。只有我能读懂它，因为只有我才有私人的解密钥。这种方式非常实用，因为没有人事先买卖密钥。

质数和它们的乘积要多大才能保证有效的单向功能呢？

公开密钥加密概念是威特菲尔德·迪菲和马丁·海尔曼于1977年首次提出的。另一组计算机科学家隆·里维斯特、阿迪·沙米尔和雷奥纳德·阿德尔曼，不久就提出了使用质数分解因子的想法，这也是以他们名字的首字母命名的RSA密码系统的一部分。他们提出，分解一个13位的两个质数的乘积数需要几百万年的时间，不管使用的计算能力多大。为了证明这一点，他们找到下面这个129位数，并向世界挑战要他们找出它的两个因子。这个数就是圈内人熟悉的RSA129：114 318 625 757 888 867 669 235 779 976 146 612 010 218 296 721 242 362 562 561 842 935 706 935 245 733 897 830 597 123 563 958 705 058 989 075 147 599 290 026 879 543 541。

他们坚信用这个数做的公开密钥加密的信息将会永远安全。但是他们既没有预料到摩尔定律的全面效应，也没有预料到个人计算机的成功。前者大大提高了计算机的能力，而后者则使全世界的计算机和用户数目得到了显著提高。1993年，世界各地600多个研究人员和爱好者通过使用Internet协调各自计算机的工作向这个129位数发动了进攻。不到一年，他们就分解出了这个数的两个质数，其中一个长64位，另一个长65位，这两个质数分别为3 490 529 510 847 650 949 147 849 619 903 898 133 417 764 638 493 387 843 990 820 577 和32 769 132 993 266 709 549 961 988 190 834 461 413 177 642 967 992 942 539 798 288 533。

从这次挑战中得出的一个教训：如果加密的信息确实重要并且高度机密，公开密钥的长度为129位仍不够长。另一个教训是：任何人对加密的安全性都不应过分肯定。

将密钥只增加几位数字分解起来就会困难得多。今天的数学家相信用可预测的未来计算机能力分解两个250位长的质数的乘积要用数百万年。可是谁知道呢？这种不确定性，也就是有人会用简单方法将大数字分解因子的可能性，表明信息高速公路的软件平台将会设计成这样一种形式，那就是它的加密系统将会随时更换。

有一件事大可不必担心，即质数会用尽或两台计算机偶然会用同样的数字作为密钥。适当长度的质数数量比宇宙中原子的数量还要多得多，因此两个密钥偶然相同的机会微乎其微。

密钥加密的方法不仅仅可以保密，还可以保证文件的真实性。因为用私人密钥编码的信息只能用公开密钥才能译码。它的工作方式如下：如果一个人有信息在发出之前需要签字，那么他的计算机会用私人密钥将其加密。现在这条信息只有用他的公开密钥，也就是你和所有其他人都知道的密钥方可解密。这条信息确实系我发出，因为没有其他人有用这种方式加密的私人密钥。

我的计算机接收这条加密信息，再用公开密钥将此信息重新加密，然后通过信息高速公路把这条双重加密的信息传送给你。你的计算机收到信息后用你的私人密钥对其解密，这解除了第二层编码，但用那个人的私人密钥编码的第一层密码仍然存在。然后你的计算机用公开密钥再次对其解密。因为它确实是那个人发出的，如果这则信息解密正确，你也就知道它是真实的了。即使信息有些微小改动，信息就不能正确译码，而篡改或通信错误也就会很明显。这种特殊的安全性可使你同陌生人，甚至不信任的人进行交易，因为你能确认数字货币的有效性以及签名和文件的真实性。

2.2 数据加密

每个人都知道，如果你想要让一些东西为私人所有，你就要把它隐藏起来。要把一个私有的消息发送给一个朋友，你就要把它封在一个信封里，但是如果这个消息确实事关隐私，你就要保证即使有人撕开信封也无法阅读其中的内容。在现代社会，随着电子邮件的使用和 Internet 的发展，安全性变得越来越重要。

2.2.1 基本概念

当前对这种安全性问题的解决方案就是加密技术。加密技术主要有以下 3 类：

(1)密钥加密。这种技术使用单一的密钥加密、解密信息。也就是前面讲的传统密码技术。

(2)公钥加密。这种技术使用两个密钥，一个用于加密，另一个用于解密。

(3)单向函数。这个函数对信息进行加密以便产生原始信息的一个"签名"以后用于证明它的权威性。

加密技术基于把信息转换成一种不可读或不可理解形式的算法。解密是使用同样的算法把转化后的信息恢复成原来形式的过程。算法是经过精心设计的一套处理过程，这个处理过程能够有效制造出一个加密后的结果，此结果不能被人恢复，即使有原始算法也不能。

算法可能非常简单。例如，你可以设计出一个称为 character+3 的算法，在这个算法中 A 变成 D、B 变成 E、C 变成 F 等。这个例子既简单又实用，但是比较容易破译。然而，它也说明了加密的步骤：原始信息(密码学中称为明文)被 character+3 算法转换成密文(密码学中的加密结果)。解密信息的算法是反函数 character-3。

数据加密的基本过程包括对称为明文的原来可读信息进行解译，译成称为密文或密码代码形式。该过程的逆过程为解密，即将该编码信息转化为其原来的形式。

2.2.2 数据加密方法

在传统上，有几种方法来加密数据流。所有这些方法都可以用软件很容易地实现，但是当黑客只知道密文的时候，是不容易破译这些加密算法的(当同时有原文和密文时，破译加密算法虽然也不是很容易，但已经是可能的了)。最好的加密算法对系统性能几乎没有影响，并且还可以带来其他内在的优点。例如，大家都知道的 PKZIP，它既压缩数据又加密数据。又如 DBMS 的一些软件包总是包含一些加密方法以使复制文件这一功能对一些敏感数据是无效的，或者需要用户的密码。所有这些加密算法都要有高效的加密和解密能力。

幸运的是，在所有的加密算法中最简单的一种就是"置换表"算法，这种算法也能很好地达到加密的需要。每一个数据段(总是一个字节)对应着"置换表"中的一个偏移量,偏移量所对应的值就输出成为加密后的文件。加密程序和解密程序都需要一个这样的"置换表"。事实上,80x86CPU 系列就有一个指令"XLAT"在硬件级来完成这样的工作。这种加密算法比较简单,加密解密速度都很快,但是一旦这个"置换表"被对方获得,那这个加密方案就完全被识别破了。更进一步讲,这种加密算法对于黑客破译来讲是相当直接的,只要找到一个"置换表"就可以了。这种方法在计算机出现之前就已经被广泛地使用。

对这种"置换表"方式的一个改进就是使用两个或者更多的"置换表",这些表都是基于数据流中字节的位置的,或者是基于数据流本身的。这时,破译变得更加困难,因为黑客必须正确地做几次变换。通过使用更多的"置换表",并且按伪随机的方式使用每个表,这种改进的加密方法已经变得很难破译。比如,这里可以对所有的偶数位置的数据使用 A表,对所有奇数位置的数据使用 B 表,即使黑客获得了明文和密文,他想破译这个加密方案也是非常困难的,除非黑客确切地知道用了两张表。

与使用"置换"的方法类似,人们可以把置换的结果保存在 buffer 中,再在 buffer 中对它们重排序,然后按这个顺序再输出。解密程序按相反的顺序还原数据,这种方法总是和一些别的加密算法混合使用,这就使得破译变得特别的困难,几乎有些不可能了。例如,有这样一个词,变换字母的顺序,slient 可以变为 listen,但所有的字母都没有变化,没有增加也没有减少,但是字母之间的顺序已经变化了。

但是,还有一种更好的加密算法,只有计算机可以做,就是字/字节循环移位和 XOR操作。如果把一个字或字节在一个数据流内做循环移位,使用多个或变化的方向(左移或右移),就可以迅速产生一个加密的数据流。这种方法是很好的,破译它就更加困难。而且,更进一步的是,如果再使用 XOR 操作,按位做异或操作,就使破译密码更加困难了。如果再使用伪随机的方法,这涉及要产生一系列的数字,这里可以使用 Fibbonaci 数列。对数列所产生的数做模运算(例如模 3),得到一个结果,然后循环移位这个结果,将使破译密码几乎变得不可能。但是,使用 Fibbonaci 数列这种伪随机的方式所产生的密码对解密程序讲是非常容易的。

在一些情况下,如果想知道数据是否已经被篡改了或被破坏了,就需要产生一些校验码,并且把这些校验码插入到数据流中。这样做对数据的防伪与程序本身都是有好处的。但是感染计算机程序的病毒才会在意这些数据成程序是否加过密,是否有数字签名。所以,加密程序在每次加载内存要开始执行时,都要检查一下本身是否被病毒感染,对于需要加、解密的文件都要做这种检查。很显然,这样一种方法体制应该保密,因为病毒程序的编写者将会利用这些来破坏别人的程序或数据。因此,在一些反病毒或杀病毒软件中一定要使用加密技术。

循环冗余校验是一种典型的校验数据的方法。对于每一个数据块,它使用位循环移位和 XOR 操作来产生一个 16 位或 32 位的校验和,这使得丢失一位或两位的错误一定会导致校验和出错。这种方式很久以来就应用于文件的传输,例如 XMODEM-CRC。这种方法已经成为标准,而且有详细的文档。但是,基于标准 CRC 算法的一种修改算法对于发现加密数据块中的错误和文件是否被病毒感染是很有效的。

2.2.3　数据加密与网络安全

前面提及，Internet 的发展已经加强了对公共网络上传送数据的关注，但是我们也关心来自公司内部网络中传送的数据。今天，大多数公司的网络把许多不同部门和分支机构连接起来。你能信任公司其他部门的人吗？能够保证他们不会利用网络进入中心或各部门的系统甚至用户的计算机吗？你怎样才能保护敏感信息，使得对系统和目录能够进行高级访问的用户不能访问它。

下面举例说明当今许多网络中存在的安全性问题。

- 一个用户把敏感的电子邮件信息发送给另一个用户。同一个局域网中的第三方使用一个数据包监控设备捕获这个消息并且读取其中的隐私信息。
- 在同样的情况下，第三方截获一个消息并改变它的实际内容，然后把它传递给原定的接收者。接收者不加怀疑地接收了这个假消息，然后根据其中的内容执行一些动作，从而错误地使第三方受益。
- 一个用户注册登录到一个未使用加密口令的服务器。另一个监控命令行的人捕获了这个用户的口令，这样未经授权就可访问服务器中的信息。
- 统管理员没有弄清楚系统安全方面的要求，错误地使得另一个用户能够访问包含系统信息的目录。这个用户发现他能够访问这些目录，从而修改系统设置以有利于自己。

监视和捕获网络信息有多容易？相对来说，监视较容易，这主要由于监视设备的廉价。监视设备通常被称为窥探器（也就是本书第 6 章所讲的 Sniffer），运行在与网络连接的计算机上。在你的组织内部操作的黑客监视与他们直接连接的网络中的信息流动。他们监视以明文发送的信息，通常的目标是口令。尽管大多数网络操作系统现在提供安全的加密注册，用户偶尔也可以连接到发送明文口令的服务器或应用程序。问题是用户通常对所有系统使用同样的口令，因此得到明文口令注册需要到一个更安全的系统中。

Internet 上的黑客一般在一个传统上更开放的网络上进行操作。黑客首先攻入一个防范比较脆弱的 ISP，并且监视通过它的 Internet 连接的信息流。他们使用搜索例程筛选数据包，从中找出感兴趣的条目，例如口令或者标识各种商业事务的代码。然后他们跟踪路由并尝试使用从数据包中搜集的信息通入系统。有些站点不够安全，经不起黑客的攻击。

大多数 Web 浏览器现在有能力与实现了安全性协议的 Web 服务器建立安全会话。Web 浏览器和服务器能够自动协商使用的加密模式，然后加密后面所有的传送。在电子商务中，服务器开始一次安全会话，用户的浏览器就弹出一个对话框标识准备开始一个安全会话。

2.3　对称加密技术

2.3.1　对称加密技术简介

前面 2.2.1 节介绍的这些简单加密方法中，加密和解密均采用同一把秘密钥匙，而且通信双方必须都要获得这把钥匙，并保持钥匙的秘密。因此它也称为秘密钥匙加密法，或对称式加密方法，归纳在"传统加密方法"这一类中，以与近些年发展起来的公开密钥加密方法相对应。

如果发信方要与另一方使用传统加密方法进行保密通信，他首先必须告诉对方通信所使用的秘密钥匙。这称为"密钥分发"的过程，实现起来是十分困难的。因为保密通信安全的关键是，发信方必须安全、妥善地把钥匙护送到收信方，不能泄露其内容。所以这种加密方式渐渐地被忽视了。

假设 Alice 与 Bob 进行通信，Alice 发送加密的信息给 Bob 会发生什么情况：

(1) Alice 和 Bob 协商用同一密码系统。

(2) Alice 和 Bob 协商用同一密钥。

(3) Alice 用加密算法和选取的密钥加密它的明文信息，得到了密文信息。

(4) Alice 发送密文信息给 Bob。

(5) Bob 用同样的算法和密钥解密密文，然后读它。

位于 Alice 和 Bob 之间的窃听者 Eve 监听这个协议，他能做什么呢？如果他听到的是在第(4)步中发送的密文，他必须设法分析密文，这是对密文的被动攻击法。有很多算法能够阻止 Eve，使他不可能得到问题的解答。

尽管如此，但 Eve 却不笨，他也想窃听步骤(1)和步骤(2)，这样他就知道了算法和密钥，他就和 Bob 知道的一样多。当步骤(4)中的信息通过信道传送过来时，他所做的全部工作就是解密密文信息。

好的密码系统的全部安全性只与密钥有关，和算法没有任何关系。这就是为什么密钥管理在密码学中如此重要的原因。有了对称算法，Alice 和 Bob 能够公开地实现步骤(1)，但他们必须秘密地完成步骤(2)。在协议执行前，执行过程中和执行后，只要信息保持秘密，密钥就必须保持秘密，否则，信息就将不再秘密了(公开密钥密码学用另一种方法解决了这个问题，将在 2.5 节中讨论)。

主动攻击者 Mallory 可能做其他一些事情，他可能企图破坏在步骤(4)中使用的通信信道，使 Alice 和 Bob 根本不可能通信。他也可能截取 Alice 的信息并用他自己的信息替代它。如果他也知道密钥(通过截取步骤(2)的通信或者破译密码系统)，他可能加密自己的信息，然后发送给 Bob，用来代替截取的信息。Bob 没有办法知道接收到的信息是否来自 Alice。如果 Mallory 不知道密钥，他所产生的代替信息被解密出来就是无意义的，Bob 就会认为从 Alice 那里来的信息是通信或者是 Alice 有严重的问题。

Alice 又怎么样呢？他能做什么来破坏这个协议吗？他可以把密钥的副本给 Eve。现在 Eve 可以读取 Bob 所发的信息，但 Bob 还不知道 Eve 已经把他的话印在《纽约时报》上了。虽然问题很严重，但这并不是协议的问题。在协议过程的任何一点都不可能阻止 Alice 把明文的副本交给 Eve。当然 Bob 也可能做 Alice 所做的事。协议假定 Alice 和 Bob 互相信任。

传统的加密方法广泛地应用于军事、谍报、金融和其他领域，但它存在明显的问题。首先，密钥本身的发送就存在着风险，如果密钥在发送中丢失，接收方就不可能重新得到密文的内容。其次，多人通信时密钥的组合的数量会出现爆炸性的增长，这使问题更加复杂化。假设有 3 个人要进行两两通信，则需要 3 把钥匙。如果通信的人数增加到 6 个，则总共需要 15 把钥匙。n 个人两两通信，则总共需要钥匙数为 $n\times(n-1)/2$ 把。如果一个 100 多人的团体进行两两通信，则需要安全地分发近 5000 把密钥，试想分发这些密钥的代价和难度会有多大。最后，传统加密方法还存在一个问题，就是通信双方必须事先统一密钥，才能发送保密的信息。如果发信者与收信人是素不相识的，这就无法向对方发送密文了。

鉴于以上的讨论，可见传统加密方法的局限性。对于普通计算机用户来说，传统加密方法只适合于仅有自己知道密钥的文件加密，几乎不可能用于日常与他人秘密通信。传统加密技术永远只是政府机构或大型商业机构的工具，普通用户注定不可能有秘密通信的安全感。

2.3.2 对称密码的密钥交换

这个协议假设 Alice 和 Bob（网络上的用户）每人和密钥分配中心（KDC）共享一个秘密密钥，协议中的 Trent 就是 KDC。在协议开始执行前，这些密钥必须在适当的位置（协议忽略了怎么分配这些秘密密钥这个非常实际的问题，只是假设它们在适当的位置，并且 Mallory 不知道它们是什么）。

（1）Alice 呼叫 Trent，并请求一个与 Bob 通信的会话密钥。

（2）Trent 产生一随机会话密钥，并对它的两个副本加密：一个用 Alice 的密钥，另一个用 Bob 的密钥加密。Trent 发送这两个副本给 Alice。

（3）Alice 对他的会话密钥的副本解密。

（4）Alice 将 Bob 的会话密钥副本送给 Bob。

（5）Bob 对他的会话密钥的副本解密。

（6）Alice 和 Bob 用这个会话密钥安全地通信。

这个协议依赖于 Trent 的绝对安全性。Trent 更可能是可信的计算机程序，而不是可信的个人。如果 Mallory 破坏了 Trent，整个网络都会遭受损害。他有 Trent 与每个用户共享的所有秘密密钥；他可以读所有过去和将来的通信业务。他所做的事情就是对通信线路进行搭线窃听，并监视加密的报文业务。

这个系统的另外一个问题是 Trent 可能会成为瓶颈。他必须参与每一次密钥交换，如果 Trent 失败了，这个系统就会被破坏。

2.4 非对称加密技术

很多时候在使用传统的加密方法时出现了很多问题，例如发送密钥本身就存在风险。人们为了解决这个问题，发明了非对称加密技术。

2.4.1 非对称加密技术简介

20 世纪 70 年代，一个数学上的突破震惊了世界密码学家和谍报人员，这就是公开密钥加密（PKE）技术。与传统的加密方法不同，它使用两把钥匙：一把公开钥匙和一把秘密钥匙，前者用于加密，后者用于解密。它也被称为"非对称式"加密方法。公开密钥加密技术解决了传统加密方法的根本性问题,极大简化了钥匙分发过程。它若与传统加密方法相结合,可以进一步增强传统加密方法的可靠性。此外,还可以利用公开密钥加密技术来进行数字签字。

下面描述 Alice 怎样使用公开密钥密码发送信息给 Bob:

(1) Alice 和 Bob 选用一个公开密钥密码系统。

(2) Bob 将他的公钥传送给 Alice。

(3) Alice 用 Bob 的公钥加密他的信息,然后传送给 Bob。

(4) Bob 用他的私钥解密 Alice 的信息。

注意公钥密码是怎样解决对称密码系统的密钥管理问题的。在对称密码系统中,Alice 和 Bob 不得不选取同一密钥。Alice 能够随机选取一个,但他不得不把选取的密钥传给 Bob。他可能事先交给 Bob,但那样做需要有先见之明。他也可以通过秘密信使把密钥送给 Bob,但那样做太费时间。采用公钥密码,就很容易了,不用事先安排,Alice 就能把信息安全地发送给 Bob。整个交换过程一直都在窃听的 Eve,虽然有 Bob 的公钥和用公钥加密的信息,但却不能获得 Bob 的私钥或者恢复传送的信息。

更一般地说,网络中的用户约定一公钥密码系统,每一用户有自己的公钥和私钥,并且公钥在某些地方的数据库中都是公开的,现在这个协议就更容易了:

(1) Alice 从数据库中得到 Bob 的公钥。

(2) Alice 用 Bob 的公钥加密信息,然后送给 Bob。

(3) Bob 用自己的私钥解密 Alice 发送的信息。

第一个协议中,在 Alice 给 Bob 发送信息前,Bob 必须将他的公钥传送给 Alice,第二个协议更像传统的邮件方式,直到 Bob 想读他的信息时,他才与协议有牵连。

这里可以打一个形象的比方说明,如图 2-1 所示是使用传统加密方法的通信过程,它的流程可概括如下:

(1) 设置一个保险箱,配一把只能用钥匙才能锁上的锁和能开锁的两把相同的钥匙。这对应于加密方法。

(2) 发信方和收信方必须各自持有一把开锁的钥匙。这对应于密钥分发过程。

(3) 发信方将通信文件放入保险箱,用自己持有的钥匙把锁锁起来。这对应于加密过程。

(4) 保险箱送到目的地后,收信人用自己持有的钥匙打开锁,取出通信文件。这对应于解密过程。

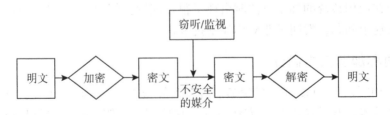

图 2-1 传统加密法的通信过程

如前所述，通信双方必须都获得一把统一的钥匙，这是传统加密方法存在的根本困难。是否有办法解决这个问题？分析可知，发信人真正需要的仅是锁着的、装有秘密文件的保险箱，并无必要也持有一把开锁的钥匙。传统加密方法中必须要发信人持有钥匙，只是因为使用了将军不下马的锁。如果锁保险箱用的是将军能下马的锁，发信人就可以在只要有锁而不用任何钥匙的情况下，也能锁住保险箱，如图2-2所示。

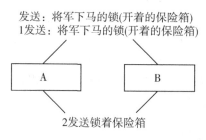

图 2-2 公开密钥加密方式的设想

（1）设置一个保险箱，一把将军能下马的锁，但这把锁只有一把开锁钥匙。这对应于加密方法。

（2）收信人持有一把用于开锁的秘密钥匙，然后把锁公开发放出去。这对应于钥匙分发过程。

（3）任何人想与收件人通信，只要用这把公开的锁把文件锁在保险箱内。这对应于加密过程。

（4）保险箱到达目的地后，收信人用秘密钥匙打开锁，取出文件。这对应于解密过程。由于可以开锁的秘密钥匙只有一把，且掌握在收信人手里，可以确信除他本人外，没有任何人能打开锁着的保险箱而偷阅通信文件内容，发信人也不例外。更为重要的是，密钥分发的难题也不复存在了，代之以锁的分发问题。这将简单得多，它不仅无须保密，而且要越公开越好。公开密钥加密技术中，使用了将军能下马的锁，公开发放，能使通信文件加密的发信人不知道，也无须知道用于解密的秘密钥匙，它仅被掌握在收信人手中，保证了秘密通信的绝对安全。公开密钥加密系统克服了传统加密方法中加密与解密采用同一把钥匙，拥有加密钥匙就能够解密，而加密钥匙又难以做到绝对安全地发放这一难题。

使用公开密钥加密系统时，收信人首先生成在数学上相关联但又不相同的两把钥匙，一把公开钥匙用于加密，另一把秘密钥匙用于解密，这一过程称为密钥配制。其中公开钥匙相当于前例中的将军能下马的锁，用于今后通信的加密；另一把秘密钥匙相当于前例提到的开锁的钥匙，用于通信的解密。收信人将唯一的一把秘密钥匙自己掌握和保存起来，把公开钥匙通过各种方式公布出去，让想与收信人通信的人都能够得到。这个过程称为公开密钥的分发。

发信人使用收信人的公开钥匙对通信文件进行加密，加密后的密文发信人再也无法解开，相当于把信件十分可靠地锁在保险箱里。

收信人在收到密文以后，用自己的秘密钥匙解开密文获得信息。由于公开密钥和秘密钥匙一对一匹配，唯一的一把秘密钥匙掌握在收信人手里，除他之外，可以确信无人能够获取内容。

应用于保密通信方面，公开密钥加密系统比传统加密系统有明显优越之处。

首先，用户可以把用于加密的钥匙，公开地分发给任何人。谁都可以用这把公开的解密钥匙与用户进行秘密通信。除了持有解密钥匙的收件人外，无人能够解开密文。这样，传统加密方法中令人头痛的密钥分发问题就转变为一个性质完全不同的"公开钥匙分发"问题。其次，公开密钥加密系统允许用户事先把公开钥匙发表或刊登出来。比如，用户可以把它和电话一起刊登在一电话簿上，让任何人都可以查找到，或者把它印刷在自己的名片上，与电话号码、电子邮件地址等列在一起。这样，素不相识的人都可以给用户发出保密的通信。不像传统加密系统，双方必须事先约定统一密钥。

最后，公开密钥加密不仅改进了传统加密方法，还提供了传统加密方法不具备的应用，这就是数字签字的公开系统。

2.4.2　公开密钥密码的密钥交换

Alice 和 Bob 使用公开密钥密码协商会话密钥，并用协商的会话密钥加密数据。在一些实际的实现中，Alice 和 Bob 签了名的公开密钥可在数据库中获得。这使得密钥交换协议更容易，即使 Bob 从来设有听说过 Alice，Alice 也能够把信息安全地发送给 Bob。

（1）Alice 从 KDC 得到 Bob 的公开密钥。

（2）Alice 产生随机会话密钥，用 Bob 的公开密钥加密它，然后将它传给 Bob。

（3）Bob 用他的私钥解密 Alice 的信息。

（4）他们两人用同一会话密钥对他们的通信进行加密。

2.5　文件加密和数字签名

2.5.1　文件加密

文件加密和本书前面所讲解的数据加密的机理都是一样的，采用非对称的加密方式。下面就以一个具体例子来讲解加密和解密以及保护加密文件的过程。

现假设有 A 公司的老板名叫 Bob，B 公司的老板名叫 Alice，现 Bob 想传输一个文件 File BS 给 Alice，这个文件是有关于一个合作项目标书议案，属公司机密，不能让其他人知道。而恰好有一个 C 公司的老板 Linda 对 A 和 B 公司有关那项合作标书非常关注，总想取得 A 公司的标书议案，于是他时刻监视他们的网络通信，想当 Bob 通过网络传输这份标书议案时从网络上截取它。为了防止 Linda 截取标书议案，实现安全传输，人们通常采用以下步骤：

（1）Alice 把自己的公钥（设为 Public Key A）通过网络传给 Bob。

（2）Bob 用 Alice 的公钥（Public Key）给标书议案文件 File BS 加密。

（3）Bob 把经过加密的文件传给 Alice。

（4）Alice 收到 Bob 传来的 File BS 后再用自己的私钥（设为 Private Key）来解密。

通过以上 4 步，Bob 就可以安全地把文件 File BS 传给 Alice 了。

或许有读者会问，在第一步中 C 公司的老板 Linda 同样可以截取 Alice 的公钥(Public Key)，且在第 3 步中也可以截取加密后的标书议案文件 File BS，但首先要知道这没有任何意义。因为虽然 Linda 获取了 Alice 的公钥和标书议案文件 File BS，但用 Alice 公钥加密后的文件只能用 Alice 的私钥来解开，即使使用 Alice 的公钥也无法自己解密，因为公钥和私钥必须配对使用，这就是发明这种加密方法的绝妙之处。所以在这个传输中可算是比较安全的，当然安全是相对的，据说曾经有黑客专家宣称可以利用个人的公钥推算出其私钥，结果事实证明可能性几乎为零，即使可能也要 10000 年后才可以，你说这又有什么意义呢？至于个人公钥和私钥如何获得，本书的上面已经作了详细介绍，在此不作重叙。

2.5.2 数字签名

数字签名主要是为了证明发件人身份，就像我们看到的某文件签名一样。但现在要说的签名是采取数字的方式，它可以防止别人仿签，通过加密后的签名就变得面目全非，别人根本不可能看到真正签名的样子。它与前面所讲的加密机理是一样的，但方法不太一样，下面介绍如下。

Bob 要在所发的文件 File BS 后面加以签名，以证明这份标书的有效性(因为 Bob 是 A 公司的老板)，同样是发给 B 公司的老板 Alice，C 公司的老板如果想要假冒 Bob 的签名发另一份标书给 Alice，以达到破坏 A 公司中标的目的。

(1)Bob 首先把自己的公钥发给 Alice。

(2)Bob 再对 File BS 文件签名并以 Bob 的私钥进行加密。

(3)Bob 把经过加密的签名文件传给 Alice。

(4)Alice 在收到加密的签名文件 File BS 后用 Bob 的公钥进行解密。

在这个过程中同样 Linda 也可以获取 Bob 的公钥和加密签名的文件 File BS。因为 File BS 已经用加密方式进行加密，同上例，我们知道 Linda 无法获得 Alice 的私钥，也就无法阅读到文件内容，但他可以用 Bob 的公钥解读 File BS 的签名。但这同样没有意义，因为如果 Linda 要仿冒 Bob 的数字签名必须要有 Bob 的私钥，否则 Alice 无法用 Bob 的公钥签名进行解密，或许你又要说如果 Linda 也把自己的公钥发给 Alice，那么 Alice 怎样区别哪一个公钥是真正的 Bob 的公钥呢？这就要涉及后面要讲的公钥的获得途径了，先要说的就是 Alice 可以到发证机关进行查询来辨别，这样 Linda 的阴谋就不能得逞了。

数字签字系统是公开密钥加密技术与报文分解函数(MDF)相结合的产物。报文分解函数是能把信息集合提炼为一个数字串的单向不可逆的数学函数。首先，用报文分解函数把要签署的文件内容提炼为一个很长的数字，称为报文分解函数的值。签字人用公开密钥加密系统中的秘密钥匙来加密这个报文分解函数值，生成所谓的"数字签字"如图 2-3 所示。

收件人在收到经数字签字的文件以后，对此数字签字进行鉴定。用签字人的公开钥匙来解开"数字签字"，获得报文分解函数值，另外重新计算文件的报文分解函数，比较其结果。如果完全相符，文件内容的完整性、正确性和签字的真实性都得到了保障。因为如果文件被改动或者有人在没有秘密钥匙的情况下冒充签字，都将使数字签字的鉴定过程失败，如图 2-4 所示。

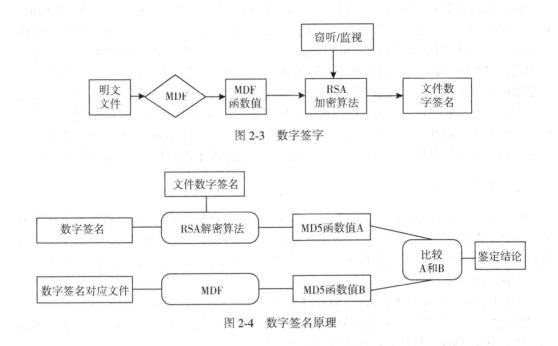

图 2-3　数字签字

图 2-4　数字签名原理

在某种意义上，数字签字系统比手签字或印章更为有效。一份 10 余页的手签文件很难保证每页的内容均不会被改动或替换，但数字签字却能保证文件的每一字符都未经过任何改动。目前，美国国家安全局正在建立数字签字标准 DSS（Digital Signature Standard），以用于政府和商业文件签字。通过后的 DSS 标准将使得数字签字与手签字具有同样的法律效力。

2.5.3　使用数字签字的密钥交换

Trent 对 Alice 和 Bob 的公开密钥签名。签字的密钥包括一个已签名的所有权证书。Alice 和 Bob 收到密钥时，他们每人都能验证 Trent 的签名。那么，他们就知道公开密钥是哪个人的，密钥的交换就能进行了。

Mallory 会遇到严重的阻力。他不能假冒 Bob 或者 Alice，因为他不知道他们的私钥。他也不能用他们的公开密钥代替他们两人的公开密钥，因为当他有由 Trent 签名的证书时，这个证书是为 Mallory 签发的。他所能做的事情就是窃听往来的加密报文，或者破坏通信线路，阻止 Alice 和 Bob 谈话。

这个协议也动用 Trent，但 KDC 遭受损害的风险比第一种协议小。如果 Mallory 危及到 Trent 的安全（侵入 KDC），他所得到的只是 Trent 的私钥。这个密钥使他仅能对新的密钥签名，它不会让他对任何会话密钥解密或者读取任何报文。为了能够读往来的报文，Mallory 不得不冒充网络上的某个用户，并且欺骗合法用户用他的假的公开密钥加密报文。

Mallory 能够发起一种攻击。持有 Trent 的私钥，他能够产生假的签名密钥去愚弄 Alice 和 Bob。然后 Mallory 就能够在数据库中交换他们真正的签名密钥，或者截取用户向数据库的请求，并用他的假密钥代替。这使他能够发起"中间人攻击"，并读取他人的通信。

这种攻击是可行的，但记住 Mallory 必须能够截取和修改信息。在一些网络中，截取和修改报文比被动地坐在网络旁读取往来的报文更难。在广播信道上，如无线网中几乎不可能用其他报文来替代某个报文(整个网络可能被堵塞)。在计算机网络中做这种事要容易些，并且随着时日的推移变得越来越容易，例如 IP 欺骗、路由攻击等等，主动攻击并不一定表示有人用数据显示仪抠出数据，且也不限于使用代理。

2.6 混合密码系统

一个密码系统，通常简称为密码体制，主要由以下五部分组成：

1. 明文空间 M，它是全体明文的集合。

2. 密文空间 C，它是全体密文的组合。

3. 密钥空间，它是全体密钥的组合，其中每一个密钥 K 均由加密密钥 K_e 和 K_d 组成，既 $K = <K_e, K_d>$。

4. 加密算法，它是一族从 M 到 C 的加密变换。

5. 解密算法，它是一族从 C 到 M 的解密变换。

如图 2-5 所示。

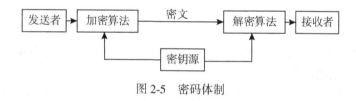

图 2-5　密码体制

根据密钥的数量，将密码体制分为以下两类，对称密钥密码体制和非对称密钥密码体制。

A：$K = <K_e, K_d>$ 中 $K_e = K_d$，即发送方和接收方使用相同的密钥，称为对称密钥体制，如图 2-6 所示。

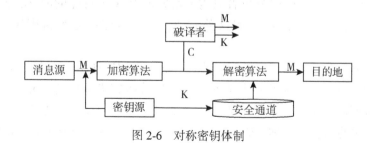

图 2-6　对称密钥体制

B：$K = <K_e, K_d>$ 中 $K_e \neq K_d$，即发送方和接收方使用不同的密钥，称为非对称密钥体制，如图 2-7 所示。

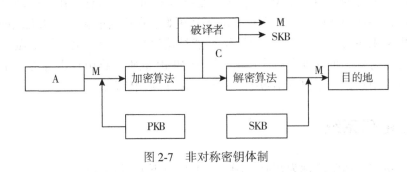

图 2-7 非对称密钥体制

在非对称密钥体制中，由于在计算上 K_d 不能由 K_e 计算得出，这样 K_e 公开不影响 K_d，于是可以将 K_e 公开。因此这种密码体制称为公开密钥密码体制。

为了充分利用公钥密码和对称密码算法的优点，克服其缺点，解决每次传送更换密钥的问题，就提出了混合密码系统，即所谓的电子信封（envelope）技术。发送者自动生成对称密钥，用对称密钥加密发送的信息，将生成的密文连同用接收方的公钥加密后的对称密钥一起传送出去。收信者用其密钥解密被加密的密钥来得到对称密钥，并用它来解密密文。这样就可以保证每次传送都可由发送方选定不同密钥进行，更好地保证了数据通信的安全性。

混合密码系统简介

在讨论把 DES 算法作为标准建议的同时，公开了第一个公开密钥算法，这导致了密码学团体中的政治党派之争。

在实际的世界中，公开密钥算法不会代替对称算法。公开密钥算法不用来加密信息，用来加密密钥这样做有两个理由：

- 公钥算法比对称算法慢，对称算法一般比公钥算法快一千倍。计算机变得越来越快，在 15 年后计算机运行公开密钥密码算法的速度比得上现在计算机运行对称密码的速度。但是，带宽需求也在增加，总有比公钥密钥密码处理更快的解密数据要求。

- 公开密钥密码系统对选择明文攻击是脆弱的。如果 $C=E(P)$，如 P 是 N 个可能明文集中的一个明文，那么密码分析者只需要解密所有 N 个可能的明文，并能与 C 比较结果（记住，加密密钥是公开的）。用这种方法，他不可能恢复解密密钥，但他能够确定 P。

如果持有少量几个可能加了密的明文消息，那么采用选择明文攻击可能特别有效。例如，如果 P 是比一百万美元少的某个美元值，密码分析家尝试所有一百万个可能的美元值，即使 P 不很明确，这种攻击也是非常有效的。单是知道密文与某个特殊的明文不相符，就可能是有用的信息。对称密码系统不易受这种攻击，因为密码分析家不可能用未知的密钥来完成加密的尝试。

在大多数实际的实现中，公开密钥密码用来保护和分发会话密钥。这些会话密钥用在对称算法中，对通信消息进行保密。有时称这种系统为混合密码系统。例如，PGP 就是采用公开密钥和传统密钥加密相结合的一种现代加密技术。

（1）Bob 将他的公开密钥发给 Alice。

（2）Alice 产生随机会话密钥 K，用 Bob 的公开密钥加密，并把加密的密钥 EB(K)送给 Bob。

（3）Bob 用他的私钥解密 Alice 的消息，恢复出会话密钥：DB(EB(K)) = K。

（4）他们两人用同一会话密钥对他们的通信信息进行加密。

把公开密钥密码用于密钥分配解决了很重要的密钥管理问题。对对称密码而言，数据加密密钥直到使用时才起作用。如果 Eve 得到了密钥，那么他就能够解密用这个密钥加密的消息。在前面的协议中，当需要对通信加密时，才产生会话密钥，不再需要时就销毁，这极大地减少了会话密钥遭到损害的风险。当然，私钥面对泄露是脆弱的，但风险较小，因为只有每次对通信的会话密钥加密时才用它。

3 加密与解密技术

密码学根据其研究的范畴可分为密码编码学和密码分析（破解）学。密码编码学和密码分析学是相互对立、相互促进而发展的。密码编码学是研究密码体制的设计，对信息进行编码并实现信息隐藏的一门科学。密码分析学，是研究如何破解被加密信息的一门科学。

目前计算机中通用的加密算法有 DES、RSA、MD5、SHAI、AES 等，这些加密算法都是公开的标准，甚至连密钥也公开。一方面，互联网的本质是为了资源共享，因此标准要统一，方便数据交换。另一方面，由于这些加密算法很强大，按当时的技术环境，即使公开发布也不会对数据的安全性产生太大影响。但是，随着计算机运算速度的提高，密码破解技术也得到加速发展，它强大的穷举能力抵消了某些加密算法的优势，使得在有限的时间内破解复杂的加密算法变为可能。事实上，我们工作中所使用的密码破解工具，多数还是基于机器的超强计算能力并配合穷举方法而设计的。也正是因为计算机中这种通用的密码设计体制，我们的密码破解工作才没有那么遥远。

上述理论表明，无论我们面临何种密码破解问题，首先要了解对象的加密体制。不同的系统，因加密体制不一样，对应的破解方法也不同，我们手中的破解工具都是有局限性的，不可能穷极所有问题。

3.1 常见加密类型

在计算机领域中，密码加密主要用于两方面：一是登录口令；二是文件加密。密码破解要认真分析检材的加密类型和算法，这样才能有的放矢进行解密工作。

3.1.1 BIOS 加密

BIOS 密码也称"CMOS"，密码设置的主要目的是防止他人随意启动计算机及修改BIOS 设置，保证计算机的正常运行以及限制他人使用计算机，以保护计算机中的资源。

BIOS 设置中可同时设置 SYSTEM 及 SETUP 密码。SETUP 是开机密码，用于自检后进入系统的，如果在 BIOS 中设置的登陆方式为 SYSTEM，则开机时必须输入该密码，否则无法进入系统；如果登陆方式设置为 SETUP，则进入 BIOS 时需要输入密码。

3.1.2 登录口令

无论是 Windows 系统，还是其他操作系统，都适用登录口令来保证授权访问。同时应用程序的登录口令，例如聊天工具如 QQ 有登录密码、微博博客有密码等，这些登录口令都使用一定的算法进行加密。对于登录口令的解密是密码破解的重点。

3.1.3 文件加密

用户通常使用以下两种方法给文件加密：

(1)使用应用程序本身包含的文档加密功能，如 Office 组件。

(2)多数情况下，用户喜欢使用第三方工具对文件进行加密，最常见的要数 WinRar 以及文件夹加密大师等。

3.1.4 其他类型加密

加密还广泛应用于其他方面，例如硬盘加密、源代码加密等，这些加密方式增加了密码的复杂性。

3.2 解密原理与方法

通常情况下，一个密码可能包含如下符号：26 个小写字母(a 到 z)，26 个大写字母(A 到 Z)，10 个数字(0 到 9)和 33 个其他字符(！@＃＄％，等)。用户可以使用这 95 个字符的任意组合作为密码。

目前，密码破解的常用方法有暴力破解、字典、漏洞、社会工程学攻击等，其中，暴力破解是最常用的破解方法。通常来看，计算机的运算能力是以 CPU 运算能力来衡量的，从早期的 8086 到奔腾 4 处理器，基于单核的处理器计算能力已经有了很大提高。但是单纯地靠提高单核处理器速度来提升整个系统性能已非常困难。串行处理器的主要厂商 Intel 和 AMD 纷纷推出多核产品(双核、三核、四核甚至六核)，同时向着更高目标前进。CPU 的运算速度日新月异，但是对于密码破解来说，仅仅提高 CPU 的运算速度是杯水车薪，远远不能达到实用化的目的。因此，一些新的技术开始应用于密码破解领域，借助这些新的技术，一些密码破解方法逐渐实用化；同时，由于操作系统和软件开发的成本和难度加大，密码的发展处于一个相对平缓的时期，新的密码破解方案就可以在计算机硬件发展的基础上对密码保护形成一个暂时的、可行的解决方法。

3.3 解密技术

3.3.1 暴力破解密码技术

一般说来，提高暴力破解速度有三种切实可行的方法：一是提高单个处理器的运算能力，或者说提高单个处理器的密码破解能力，这可以通过增加核心和处理器数量来达到，例如多核和众核技术。二是将具有运算能力的设备通过通信线路联合起来，通过将任务分解，同时完成，称为分布式计算或者并行计算，当然也包括目前非常时髦的云计算。三是 FPGA 技术，通过将特定算法烧录到芯片中，使芯片只担负一种解密任务，可以极大地提高破解效率，同时也利于成本控制，应用于密码破解领域的 FPGA 目前主要分为运算加速 FPGA 和总线加速 FPGA。

(1)多核与众核

随着 Intel 展示了其面向未来的 80 核芯片，业界将开始从多核(multi-core，十几个)向众核(many-core，几百上千)方向发展。假设沿着这一道路前进，它将可以引导未来开发出大规模核，即一块芯片就可以容纳数千个处理核。众核技术的出现，使得一个 CPU 的处理能力等同于数千个 CPU 的处理能力，这无疑可以极大地提高密码破解的速度。从实质上讲，处理器核的增加仍然是提高暴力破解的速度。这种技术永远是随着运算性能提高而提高的。

(2)分布式计算/并行计算

分布式计算(distributed computing)是一种把需要进行大量计算的工程数据分割成小块，由多台计算机分别计算，在上传运算结果后统一合并得出数据结论的科学。

随着网络的迅速普及，一些基于并行/分布式运算的新计算方法出现了，其中具有代表性的是网络运算和云运算。

网络计算通过利用大量导构计算(通常为桌面)的未用资源(CPU 周期和硬盘存储)，将其作为嵌入在分布式电信基础设施中的一个虚拟的计算机集群，为解决大规模的计算问题提供了一个模型。网络计算的焦点放在支持跨管理域计算的能力，这使它与传统的计算机集群或传统的分布式计算相区别。

云计算是指通过使计算分布在大量的分布式计算机上，而非本地计算机或远程服务器，这使得能够将资源切换到需要的应用上，根据需求访问网络上的计算机和存储系统。

分布式破解已经不是一项新鲜的技术。随着科技的发展，分布式破解已经不限于局域网内，已经扩大到广域网甚至互联网上。这类的成熟产品有 AccessData 公司出品的 Distributed Network Attack (DNA)和 Elcomsoft 公司的 Distributed Password Recovery。

传统地，串行计算(sequential computing)是指在单个计算机(具有单个中央处理单元)上执行软件写操作。CPU 逐个使用一系列指令解决问题，但其中只有一种指令可提供随时和及时的使用。并行计算是在串行计算的基础上演变而来，它努力仿真自然世界中的事物状态：一个序列中众多同时发生的、复杂且相关的事件。

并行计算(parallel computing)是相对于串行计算来说的。指的是同时使用多种计算资源解决计算问题的过程。所谓并行计算可分为时间上的并行和空间上的并行。时间上的并行就是指流水线技术，而空间上的并行则是指用多个处理器并发的执行计算。并行计算科学中主要研究的是空间上的并行问题。

并行计算(parallel computing)应包括一台配有多处理机(并行处理)的计算机、一个与网络相连的计算机专有编号，或者两者结合使用。并行计算的主要目的是快速解决大型且复杂的计算问题，同时并行运算能够利用非本地资源，节约成本使用多个"廉价"计算资源取代大型计算机，同时克服单个计算机上存在的存储器限制。

并行计算和分布式计算具有以下相同的特征：

(1)将工作分离成离散部分，有助于同时解决；

(2)随时和及时地执行多个程序指令；

（3）多计算资源下解决问题的耗时要少于单个计算资源下的耗时。

但是分布式的任务包括互相之间有独立性，上一个任务包的结果未返回或者是结果处理错误，对于下一个任务包的处理几乎没有什么影响。因此，分布式的实时性要求不高，而且允许计算错误。而并行运算处理的任务包之间有很大的联系，他作为一个整体被分配，每一个任务块都是必要的，都要处理，而且计算结果相互影响，就要求每个计算结果要绝对正确，而且在时间上要尽量做到同步。

有人说分布式计算是进程级别上的协作，而并行计算是线程级别上的协作，也有一定道理。但是随着运算要求的提高，并行计算和分布式运算的界限越来越小，二者都在弥补各自的缺陷，从而逐渐靠拢。从某种意义上来说，可以认为并行运算与分布式运算是一个类型。而从发展方向上，并行计算从硬件上寻求突破，而分布式破解则在算法和应用上有所特色。

从实战来看，FPGA 技术已经应用于密码破解领域中，已经有了成熟的产品。FPGA （Field Programmable Gate Array）即现场可编程门陈列，它是在 PAL、CAL、EPLD、EPLD 等可编程器件的基础上进一步发展的产物。它是作为专用集成电路（ASIC）领域中的一种半定制电路而出现的，既解决了定制电路的不足，又克服了原有可编程器件门电路数有限的缺点。FPGA 的使用非常灵活，同一片 FPGA 通过不同的编程数据可以产生不同的电路功能。FPGA 在通信、数据处理、网络、仪器、工业控制、军事和航空航天等众多领域得到了广泛应用。FPGA 由于可以以高效率、低功耗运行重复性工作，对于密码破解是非常适合的工具。

FPGA 与通用 CPU 相比又具有如下显著优点：

（1）FPGA 一般均带有多个加法器和移位器，特别适合多步骤算法中相同运算的并行处理。通用 CPU 只能提供有限的多级流水线作业。

（2）一块 FPGA 中可以集成多个算法并行运算。通用 CPU 一般只能对一个算法串行处理。

（3）基于 FPGA 设计的板卡功耗小、体积小、成本低，特别适合板卡间的并联。

目前世界上有十几家生产 CPLD/FPGA 的公司，最大的三家是：ALTERA、XILINX、Lattice，其中 ALTERA 和 XILINX 占有了 60% 以上的市场份额。

例如 Tableau 公司的 TACC1441 硬件加速器是专用于密码破解的硬件产品，可以和 AccessData 公司的 PRTK（密码恢复工具包）、DNA（分布式网络攻击）软件结合使用，达到加速密码恢复的目的。目前支持的解密文件格式：WinZip9、WinRAR、PGPSDA、PGP Diskv4、PGP Disk v6 AES256、PGP Disk v6 Cask v6 Cast 128、PGP Message SHA-1、OFFICE 系列等。TACC1441 硬件加速器在进行密码恢复时，使用 1394 接口与一台计算机主机结合起来使用。计算机主机起到协调作用，而 TACC1441 专注于运算，这样可以提高 6-60 倍的密码破解速度。如果想提高更大的密码破解速度，可以使用多个硬件加速器。可以采用像 Intel Core2Duo，Intel Core2 Quadcore 和具有超线程技术的 Pentium-D、Pentium IV 这些处理器，如表 3-1 所示：

表 3-1   运算效率对比表

密码类型	Intel CPU	Tebleau TACC1441
SHA-1/hash	2,000,000~20,000,000 个/秒	12,000,000 个/秒
WinZip9	1,000~10,000 个/秒	60,000 个/秒
WinRAR	几十个/秒	60,000 个/秒
PGP	几十个/秒	60,000 个/秒

3.3.2   空间换时间技术（Time-Memory Trade-OFF）

1980 年，Martin Hallman 博士提出使用空间换时间的方式来解决密码破解的难题。实际上他的方案很容易理解，就是运算出所有密码 HASH 的可能项，通过高速遍历来得到相同项，获得相应的密码。唯一的问题是需要提前进行预运算。但是他的设想仅仅留在理论层面上，因为那个时代，要想获得如此巨大的运算能力和存储空间，几乎是不可能的。那个时代的计算机算一个简单表，可能需要上千年。但是随着计算机硬件的飞速发展，这项技术一夜之间变成了可能。2003 年，首个空间换时间的表诞生，被命名为彩虹表。彩虹表（Rainbow Tables）就是针对特定算法，尤其是不对称算法进行有效破解的一种方法。它实际上是一个源数据与加密数据之间对应的哈希（hash）表，在获得加密数据后，通过比较、查询或者一定的运算，可以快速定位源数据（即密码）。理论上，如果不考虑查询所需要的时间的话，hash 表越大，破解也就越有效越迅速。

空间换时间技术是目前最为实用化的密码破解技术，目前已经支持多种密码破解，例如 LM、NTLM、MD5、SHA1、MYSQLSHAI、HALFIMCHALL、NTLMCHALL 等。

Windows 开机密码（WindowsXP/2003 默认都是 LMhash、Vista/2008 默认是 NTLMhash）是将密码作为哈希函数的输出值来存储。哈希是单向操作，即使攻击者能够读取密码的哈希，他也不可能仅仅通过那个哈希来反向重构密码。但是可以利用彩虹哈希表来攻击密码的哈希表，通过庞大的、针对各种可能的字母组合预先计算好的哈希值。攻击者的计算机当然也可以在运行中计算所有值，但是利用这个预先计算好的哈希值的庞大表格，显然能够使攻击者更快地执行级数规模的命令——假设攻击机器有足够大的 RMA 来将整个表存储到内存中（或者至少是表的大部分）。这是个很典型的时间内存权衡问题，但是彩虹表唯一不足之处是需要长时间的运算来生成这些 hash 表，比如最小彩虹表基本是字母数字表，就这样它的大小就有 388MB。初始的 LMhash 表是 120G 左右，目前随着算法的改进，最新的 LMhash 表不到 10G。

目前成熟的产品有 AccessData 公司的 Rainbow 产品，Elocomsoft 公司的雷表。

3.3.3   GPU 加速技术

目前大部分密码恢复仍然采用"暴力破解"或称为"穷举法"的技术，通过足够的时间，理论上是可以恢复某些软件的密码的，但是其运算能力远不能满足要求。这时候，GPU 这个原本应用于图像显示的处理器，却因为它日渐强大的处理能力，获得了新的应用。

在 GPU 解密领域主要有两大技术流派：CUDA 和 OpenCL，下面介绍下这两个技术体系。

- CUDA

CUDA 是 NVIDIA 公司的并行计算架构。该架构通过利用 GPU 的处理能力，可大幅度提升计算性能。理解 CPU 与 GPU 之间的区别的一种简单方式就是对比它们如何处理任务。CPU 由专为顺序串行处理而优化的几个核心组成。另一方面，GPU 则由数以千计的更小、更高效的核心组成，这些核心专为同时处理多任务而设计。

而 GPU 加速的原理，就是将计算密集型的代码片段部分专门交给 GPU 进行并行计算，其余逻辑等顺序的代码仍由 CPU 控制。其中，5%的代码部分可能消耗了 95%以上的运算量，因此对其加速是很有效果的。

- OpenCL

OpenCL(open computing language，开放计算语言)是一个为异构平台编写程序的框架，此异构平台可由 CPU、GPU 或其他类型的处理器组成。OpenCL 由一门用于编写 Kernelsc (在 OpenCL 设备上运行的函数)的语言(基于 c99)和一组用于定义并控制平台的 API 组成。OpenCL 提供了基于任务分区和数据分区的并行计算机制。

OpenCL 类似于另外两个开放的工业标准 OpenCL 和 OpenAL，这两个标准分别用于三维图形和计算机音频方面。OpenCL 扩充了 GPU 图形生成之外的能力。OpenCL 由非盈利性技术组织 Khronos Group 掌管。

OpenCL 最初由苹果公司开发，苹果公司拥有其商标权，并在与 AMD、IBM、英特尔和 nVIDIA 技术团队的合作之下初步完善。随后，苹果将这一草案提交至 Khronos Group。

2008 年 6 月 16 日，Khronos 的通用计算工作小组成立。5 个月后的 2008 年 11 月 18 日，该工作组完成了 OpenCL1.0 规范的技术细节。该技术规范在由 Khronos 成员进行审查之后，于 2008 年 12 月 8 日公开发表。2010 年 6 月 14 日，OpenCL1.1 发布。

将众多的 GPU 计算节点联合起来进行分布式的解密计算能极大提高破解的性能和效率。计算节点的数量和规格水平可以线性扩展，从而成倍提高整体的解密性能。

在计算机取证应用中，GPU 运算可以用于编程码、密码破解、字符串匹配等领域。目前，GPU 的加速破解技术已经不仅限于实验室，已经出现了商业化的成品，俄罗斯 Elcomsott 公司的 Elcomsoft Distributed Password Recovery 软件可以使用图形芯片 GPU 来破解密码。其破解范围包括，LMhash、Offiee 系列、PGP、MD5 等十多种密码。同时还可以利用这项技术破解无线 WPA/WPA2 密码。国内的厦门美亚公司利用 CUDA 技术开发的产品"极光"，除了能够完成上述运算外，还可以应用于 QQhash 破解，实战性较强。表 3-2 所示。

表 3-2 极光的破解效率

破解算法	I7-4770CPU(8 线程)	AMD HD7950 单卡 (1792 流处理器)	Elcomsoft EDPR (ADM HD7950 单卡)
MD5 哈希值破解	250Mh/s	6300MH/s	不支持 GPU
SHAI 哈希值破解	6Mh/s	1970Mh/S	不支持 GPU
Office2007	300 次/s	32000 次/s	32000 次/s

从上述三个算法对比的前两列数据可以看出，GPU加速破解程序在单卡性能上平均可以达到或者超过CPU百倍，其破解性能提升效果显著。因此一个解密计算单位(假设是4U空间的机箱)里的8块GPU运算卡计算理想情况下可以达到8倍性能，是单个CPU的近千倍。

虽然GPU卡功耗情况较CPU而言比较突出，散热也需要良好的条件，但是鉴于其性能提升显著，且算法兼容性和适应性好，因此在计算单位能力经济成本的时候，还是具有较高的性价比的。

3.3.4　字典攻击

如果知道密码中可能使用的单词或者名称，就可以使用字典搜索。很多人会在密码中使用常用的单词。如"open"、"access"、"password"等，对用户来说记忆单词比记忆随机组合字母和数字要简单得多，这类密码的获取相对容易。

这种方法的优点很明显。用户作为密码输入的单词列表通常很有限而且不会超过100000个，现在的计算机处理100000种字符组合不成问题。密码破解应该优先使用这种方法。

3.3.5　程序嗅探、监控

嗅探是指利用程序对目标主机所在的网络进行数据捕获，从中得到敏感信息，如密码等的方法，应属于密码动态获取方法。一般情况，如果在网络中传输的是明文，那么截获的数据包即是明文；反之，如果传输的传输的数据经过加密处理，则截获密文，还需要进行后期分析。最著名的嗅探工具有sniffer、WireShark等。

监控是将监控程序植入目标主机，随时捕获目标主机用户的一切行为——包括输入的密码的方法。我们知道，技术是把双刃剑，这种方法的本质就是所谓的木马攻击。因为是实时监控，故利用此方法获取的密码是明文，无需再进行分析。但是，通过这种方法获取密码是有很多条件限制的，如需掌握目标主机地址，监控程序还要成功植入，网络传输状况要良好等，且获取密码时间的长短是也无法估计的。

程序嗅探与监控，都是在无法获取嫌疑目标的情况下进行密码获取的方法，这种方法，严格意义上讲，不属于密码破解范畴，但也是获取密码的一种途径，而且，在没有硝烟的信息战中，必将发挥更大的作用。

3.3.6　社会工程学

社会工程学，准确来说，是一门艺术或窍门。它利用人的弱点，如人的本能反应、好奇心、信任、贪便宜等进行各种信息的获取。

现实中运用社会工程学的犯罪很多，短信诈骗如诈骗银行信用卡密码，电话诈骗如利用知名人士的名义去推销诈骗等，都运用到社会工程学的方法。

对于侦查人来说，利用社会工程学，就是运用心理攻势攻破嫌疑人内心防线，获取我们侦查破案有用的信息。这种方法用于密码破解目前还不多见，但是，当我们无法拿到检材又要求获得嫌疑对象的相关密码时，不妨尝试一下这种方法。

4 解 密 实 战

4.1 本地破解

常见的密码大概有几十种，最为人知的密码有 Windows 开机密码、Office 密码、md5 密码、winrar 密码。密码的破解是随着密码应运而生的，无论是出于恢复合法数据的目的，还是窥探他人隐私的心理，密码破解这项技术针对的目标是各式的加密，二者从诞生之日起就处于针锋相对的位置。

4.1.1 BIOS 密码

BIOS(basic input output system，即基本输入输出系统)设置程序是被固化到计算机主板上的 rom 芯片中的一组程序，其主要功能是为计算机提供最底层的、最直接的硬件设置和控制。CMOS 主要用于存储 BIOS 设置程序所设置的参数与数据；而 BIOS 设置程序主要对技巧的基本输入/输出系统进行管理和设置，当系统运行在最好状态时，使用 BIOS 设置程序还可以排除系统故障或者诊断系统问题。利用 BIOS 设置的密码分为两种：开机密码和 CMOS 设置密码。

1. 清除 CMOS System 开机密码

打开机箱，把电池取下，正负极短接，给 CMOS 放电，清除 CMOS 中的所有内容，当然也包括开机密码，然后重新开机进行设置，但是不同机器的 CMOS 清除条件可能不同，需参照不同机器的说明。

2. 破解 CMOS Setup 密码

方案 1：Debug 是一款系统自带的命令，在 DOS 系统下运行用于对计算机的测试和调试。从 1980 年的 DoS1. 0 版本到目前的 Windows Vista 都可以看到此命令的身影。虽然此命令的功能非常强大，可以解决许多问题，可是使用此命令需要操作人员掌握熟练的汇编语言，这对许多连 Dos 都没用过的初学者来说，实在很困难。不过本书只是介绍它在具体情况下的具体用法，读者只需要按着文中所提示的步骤进行操作即可，操作步骤如下。

(1)单击【开始】按钮，在弹出的 Windows 菜单中单击【运行】选项。

(2)在弹出的窗口中输入 cmd 并单击【确定】按钮(如图 4-1 所示)，接下来会弹出一个命令提示符窗口，如图 4-2 所示。

（3）在命令提示符窗口下输入如下命令（如图4-3所示）。

图 4-1　命令提示符窗口下输入 cmd 命令

图 4-2　进入 cmd 模式

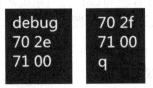

图 4-3（1）　命令提示符

图 4-3（2）　消除 CMOS 设置的密码

此命令的作用是消除 CMOS 设置的密码，将以上命令输入完毕后，重新启动计算机进入 CMOS 设置时，会发现不会再有提示输入密码的窗口了。需要注意的是，此方法只在

Windows2000/NT 及以前的系统中适用，Windows XP 及以后的系统由于命令行下无法直接对硬件进行操作，所以不能使用此方法破解 CMOS 设置的密码。

方案 2：利用第三方工具 Cmospwd，支持 Acer、AMI、AWARD、COMPAQ 等机器的 BIOS，在 DOS 下启动该程序，CMOS 密码就会显示出来。

CMOS 中的密码还是处于计算机刚刚普及的时代，所以从安全性的角度上看，这些密码的破解方法简直是不值一提。

3. 万能密码

在计算机安全知识不是很普及的时代，将密码忘记是一件很麻烦的事情，所以在早期的软件设计中，开发者都会留下一些万能密码以防止不小心将密码忘记带来的困扰。而 BIOS 系统的制作商至今仍保持着这一习惯，一些 BIOS 系统最常使用的万能密码为：Wantgir1、Syxz、dimd、eBBB、h996、wnatgir1 和 Award。

4. BiosWds

如果万能密码无法进入 BIOS 系统，则可以使用软件 BiosWds 来直接读取密码，如图 4-4 所示为 BiosPWds 界面。BiosPwds 的用法十分简单，只需要单击【Get Passwords】按钮，密码就会自动显示出来。BiosPwds 的缺陷是只能读取 Award 型号的 BIOS。虽然 Award 目前占据着市场的主流，不过仍然有许多用户在使用非 Award 的 BIOS，其弹出界面如图 4-5 所示，提示用户无法破解密码。

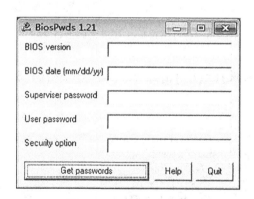

图 4-4　BiosPwds 主界面

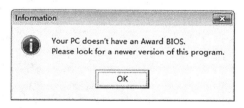

图 4-5　程序无法读出密码

4.1.2 操作系统密码

1. Windows 开机密码重置

(1)使用老毛桃启动 u 盘清除系统开机密码。首先我们要准备一个制作好的 u 盘启动盘，然后把 u 盘插进电脑的 usb 接口处，开机看到启动画面的时候连续按下快捷键进入老毛桃的主菜单界面，然后把光标移动到"【09】运行 Windows 登录密码破解菜单"后按回车键，如图 4-6 所示。

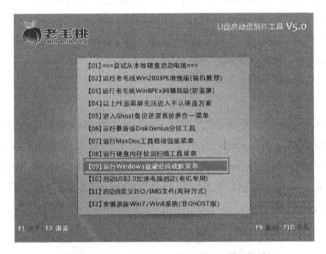

图 4-6　运行 Windows 登录密码破解菜单

(2)接着我们移动光标选择"【01】清除 Windows 登录密码(修改密码)"，然后按回车键，如图 4-7 所示。

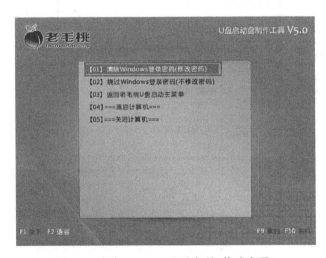

图 4-7　清除 Windows 登录密码(修改密码)

（3）当按下回车键以后会出现 Windows 登录密码清理的相关选项界面，我们此时在
"选择输入序号"那里输入序号"1"，然后按回车键，如图 4-8 所示。

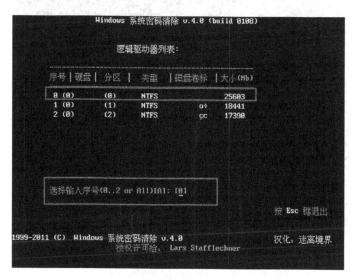

图 4-8　"选择输入序号"那里输入序号"1"

（4）接下来在出现的逻辑驱动器列表的页面中我们输入序号"0"，0 为小编电脑上的
系统分区。按回车键确认，如图 4-9 所示。

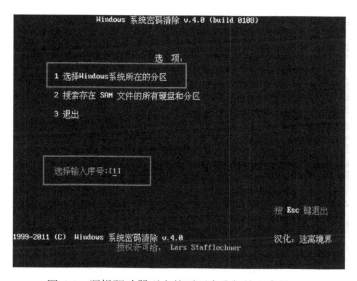

图 4-9　逻辑驱动器列表的页面中我们输入序号"0"

（5）此时会自动搜索此分区中的文件 sam，搜索时间大概在数秒钟之内，在提示已经
搜索到"sam"文件后我们按回车键继续，如图 4-10 所示。

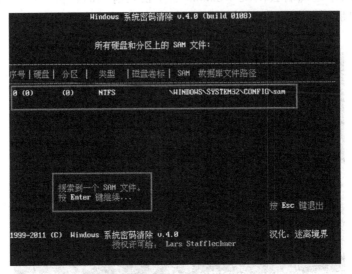

图 4-10 自动搜索此分区中的文件 sam

（6）此时所列出的是这个文件内所记录下此电脑的所有账户信息。我们在此寻找需要清除登录密码的账户，通常来说"administrator"用户是我们电脑上所常用的电脑账户。那么我们输入对应的序号 0，之后按下回车键即可。下图为接上图之后按下回车键进入相关选项的界面，如图 4-11 所示。

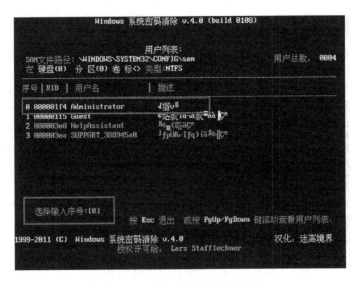

图 4-11 清除登录密码的账户

（7）在出现此画面时我们只需要按下"Y"键即可清除当前用户登录的密码，在提示已清除成功后可直接重启电脑。如图 4-12 所示。

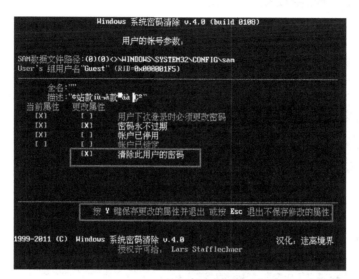

图 4-12　清除密码并保存

4.1.3　office 系列密码破解

1. Word 密码破解

passware office 密码破解

（1）首先设置密码，如图 4-13 所示。

图 4-13　设置 office word 密码

（2）安装破解软件 Passware Password Recovery Kit Forensic，如图 4-14 所示。

图4-14 安装破解软件 Passware Password Recovery Kit Forensic

（3）进行文件破解，如图4-15所示。

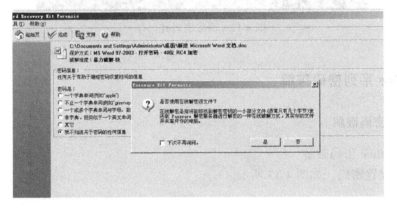

图4-15 进行文件破解

（4）破解成功，如图4-16所示。

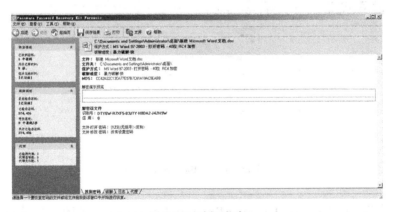

图4-16 破解成功

2. excel 密码破解 excel password recovery

（1）打开密码：这是多数 Office 软件都有的密码之一，依据密码加密方式不一样可以分为强密码和弱密码，弱密码的加密方式一般是 XOR 加密法。

（2）修改密码：这个密码用于限制密码的"书写保护"权限，决定用户是否可以修改密码。

（3）表格密码：应用于为单个 Excel 表格设置密码。

（4）共享表格密码：通过此密码可以设定可以共享的表格密码。

（5）工作簿密码：一个工作簿中可能包含好几个独立的表格，通过工作簿密码可以控制几个表格的访问权限。

（6）VBA 程序密码：这是少数 Office 软件拥有的密码，密码保护强度较高。

3. Office 密码破解专家的破解效果

如图 4-17 所示，框中内容即为 Advanced Office Password Recovery 破解的各类型密码。

图 4-17　破解 Excel 文档密码的结果对话框

AOPR 可以破解 Excel 文档的全部密码，破解效果分为以下三种：

（1）Office 密码破解专家并不能立刻破解 Excel 文档打开密码的强密码，需要使用"暴力破解"和"字典攻击"才可以破解密码。

（2）Office 密码破解专家不能恢复 VBA 程序密码但是可以更改或删除。

（3）除此之外的 4 种密码，Office 密码破解专家都能够立刻恢复。

4. access 密码破解 access password recovery

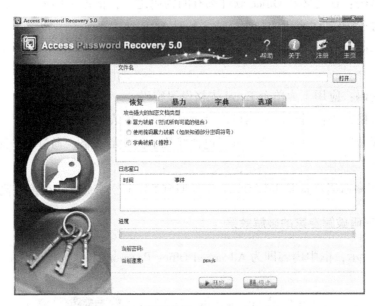

图 4-18　access 密码破解 access password recovery

5. pdf 密码破解 advanced pdf password recovery

图 4-19　pdf 密码破解 advanced pdf password recovery

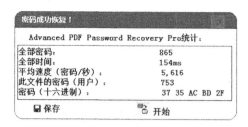

图 4-20　密码成功恢复

4.2　远程破解

4.2.1　ADSL 密码用户密码破解与防护

如同移动运管商的手机代收费业务一样，目前中国电信部门也正充分利用自己的用户资源、网络资源、应用支撑平台资源、营销网络、客户服务和宣传渠道等资源，大力推广着互联星空(ChinaVnet)的 SP 代收费业务。利用中国电信的 SP 代收费系统，用户可以十分方便地在各类 SP(Service Provider：服务提供商)网站上使用自己的 163 或宽带上网账号和密码在线完成很多收费服务的缴费过程，所需要的一切费用都在该上网账号绑定的固定电话的电话费中扣除。这样，虽然给我们带来了极大的便利，但是同时也给用户带来了前所未有的危险性。

以前黑客获得别人的上网账号没有什么实际价值，只能用来上网，而且因为上网账号通过电话拨号十分容易被查出来。但是现在一旦有人通过各种手段，得到了 ADSL 用户的上网账号和密码，就可以使用用户的账号在类似互联星空一类的网上商店购买大量的物品而最后由该用户付费，给用户带来了直接的经济损失。

1. ADSL 密码终结者简介

在开始本节之前，读者要首先了解这里所说的 ADSL 用户名并非上网拨号账号，而是用户进入自己调制解调器管理页面时所需要的用户名及密码(如图 4-21 所示)，并在 PPP 设置中可以看到真正的上网拨号账号与密码，如图 4-22 所示。

网络上破解 ADSL 密码的软件非常多，不过最有名的当属东菱软件制作的 ADSL 密码终结者。图 4-23 所示为 ADSL 密码终结者安装界面，图 4-24 所示为 ADSL 密码终结者的主界面，该软件最大的特点就是扫描速度极快。由于该软件采用多线程设计，每小时可以扫描近 6 万个 IP 地址，这对于述程密码破解工具来说是最重要的。除此之外，该软件还有如下独有功能。

自带了目前市面上网通、电信给用户发的 ADSL 调制解调器型号对应的默认用户名和密码，破解率高达 80%以上。

程序整合了目前最新的全球 IP 数据库。可以针对性地扫描某一个省、市范围的 ADSL 用户。支持根据省、市名查询 IP 段或根据 IP 地址查询所在地理位置。

图 4-21 ADSL 调制解调器管理页面

图 4-22 设置拨号账号

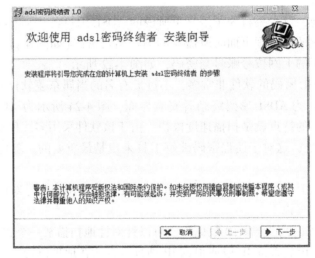

图 4-23 ADSL 密码终结者安装界面

完善的扫描结果管理。所以扫描出来的账号和密码均能自动查询出所在地理位置，并且保存在程序数据库中，可以根据省、市名查询破解的账号和密码。

具有扫描历史记录的功能。可以将当前扫描的 IP 范围保存在历史记录数据库中下次打开时继续扫描。

破解率高。只要对方的 ADSL 支持网页管理界面，就可以用自带的密码字典试出管理用户名和密码，如果以后出现新的 ADSL 型号的调制解调器，只要参考软件说明将默认用户名和密码添加到密码字典中即可。

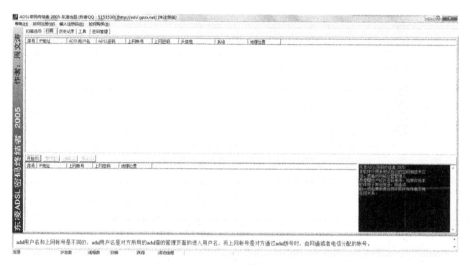

图 4-24　ADSL 密码终结者的主界面

2. ADSL 密码终结者功能剖析

ADSL 密码终结者的使用方法十分简单，只需要填写准备扫描的 IP 段就可以进行扫描了，不过在第一次使用的时候，还需要进行如下设置。

(1)选择 ADSL 密码终结者主界面中的【扫描选项】标签进行扫描前的设置，在【地址扫描列表】一栏中填入打算扫描的 IP 段。如果对 IP 地址的分布不了解，可以选择主界面中的【工具】标签，并在【查询字段】文本框中输入打算扫描的实际地址名称(如省份或城市名称等)，单击【查询】按钮即可得到相应的 IP 地址，如图 4-25 所示。

(2)返回【扫描选项】标签页，在左下角如图 4-26 所示的【扫描选项】部分设置扫描时使用的线程数、超时及端口(作者注：此处大概是软件作者的疏忽，一个软件中居然在两个不同功能的地方叫一样的名字，把后一个"扫描选项"改为参数设置应是更好些)。下面分别介绍这些选项。

线程数：决定扫描的速度，线程数越大扫描速度也就越快，最大可以设置 1000 线程。如果线程数超过了网络的负载就可能出现网页无法打开，QQ 等通信工具掉线，甚至整个网络瘫痪等负面情况，所以这里建议将线程数设置为 300~400 最合适。

超时：用来决定连接等待时间。超时等待时间越长扫描结果也就越精确，但同时也会

图 4-25　得到相应的 IP 地址

消耗更多的时间，所以在设置此项时请在时间和准确度上自行考虑。

端口：默认为 80，绝大多数调制解调器的网页登录端口都为 80。虽然在此处可以更改端口值，不过笔者认为实在没有意义，所以无需在意此项。

（3）【扫描选项】标签页的右下角【ADSL 密码字典】部分用来设置猜解 ADSL 用户名及密码的字典，如图 4-27 所示。默认情况下，软件已经给出了目前市面上绝大多数调制解调器的默认用户名及密码，如想自己添加的话，只需在显示用户名和密码部分另起一行，手动输入即可，格式为"用户名=密码"，完成后单击【保存】按钮，输入的信息就会被保存在字典文件中。

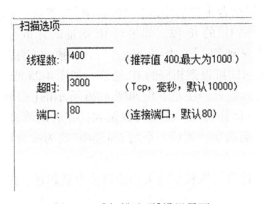

图 4-26　【扫描选项】设置界面

图 4-27 【ADSL 密码字典】设置界面

(4)设置完毕后选择主界面中的【扫描】标签,单击【开始】按钮,软件就会开始进行自动扫描,扫描结果如图 4-28 所示。被破解者的 IP 地址,ADSL 用户名及密码,上网拨号用户及密码都会自动显示在屏幕中。

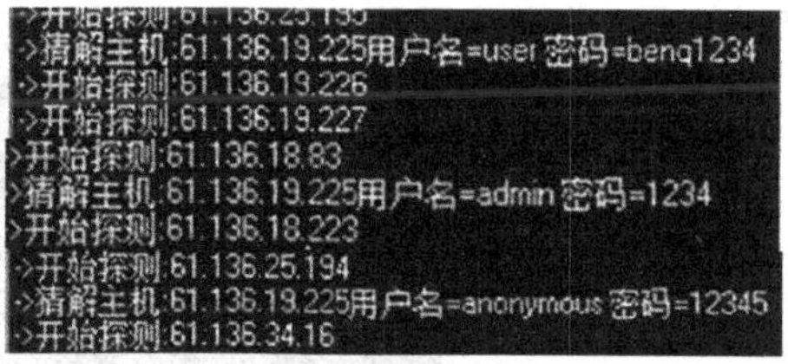

图 4-28 扫描结果界面

3. ADSL 密码防范

尽管 ADSL 平时不太引人瞩目,但 ADSL 密码丢失可能会造成经济上不必要的损失,所以对待用户的 ADSL 密码更需要谨慎处之。

首先,当用户将网络设置完毕后一定要修改全部的默认密码。目前网络上流行的大部分同类软件都是利用默认密码进行猜解,而且根据笔者的观察,几乎没有多少人会去记得将密码修改掉。

其次,尽量不要注册诸如互联星空一类的网络增值服务,这种输入宽带账号与密码就可以获得足不出户的服务自然对自己是一种极大的便利,但同时对于黑客来说也是一块极大的肥肉。当黑客知道你经常用自己的宽带账号光顾网上商店时,他们总会想出各种手段来套取你的密码。即使你真的很想用同类服务,笔者建议各位读者考虑用银行卡或信用卡付账,这样安全系数会高出很多倍。最后,如果计算机或网络出现自己不能解决的问题而需要去寻求相关专业人士帮助时,一定要记得在送走他们后第一时间修改宽带密码,以免造成不必要的损失。

4.2.2　E-mail 密码剖解与防范

对于今天的互联网用户来说，E-mail 所代表的已不仅仅是一个可以用来收发信件的邮箱，而是关系到很多网络账号的安全以及敏感的个人隐私。几乎所有在互联网上注册账号的用户都需要填写一个 E-mail 地址作为密码丢失后寻回密码的重要途径，同时许多用户并没有经常使用 E-mail 收发信件的习惯，而是用来保存一些重要文件或是记录某些敏感信息。当你阅读完本节的内容后，就会发现把 E-mail 当做保险箱，是一件多么可怕的事情。

1. 流光破解 E-mail 密码剖析

流光是一款功能强大的多功能漏洞扫描工具，可以用来探测几十种系统漏洞及网络账号和密码。本小节只介绍它对 E-mail 账号的密码破解，关于流光的详细使用方法在本书的后续章节还会有说明。

(1)图 4-29 所示为最新版本流光 5.0 软件的主界面，如想破解 E-mail 密码就勾选【POP3 主机】复选框，然后单击鼠标右键，在弹出的快捷菜单中选择【编辑】选项，并在弹出的级菜单中选择【添加】命令项，如图 4-30 所示。

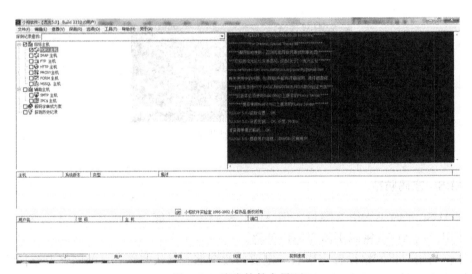

图 4-29　流光软件主界面

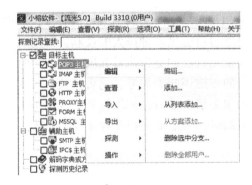

图 4-30　编辑主机界面

（2）在弹出的【添加主机】对话框中输入 POP3 主机的域名或 IP 地址，如图 4-31 所示。单击【确定】按钮，即可将该主机添加到 POP3 主机列表中了，如图 4-32 所示。

图 4-31 "添加主机"窗口

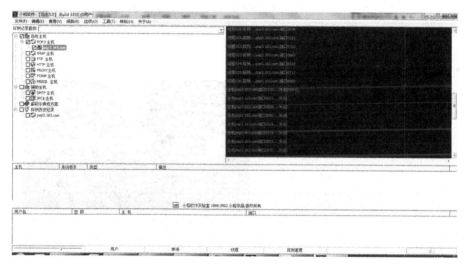

图 4-32 POP3 主机被添加到列表中

（3）勾选刚刚添加的主机名的复选框，并用鼠标右键单击主机名，在弹出的快捷菜单中选择【编辑】选项，在新弹出的二级菜单中（如图 4-33 所示）可以有两种选择。第一种是，如果只想破解单个用户，就选择【添加】命令项，并在弹出的【E1】添加用户【1E】对话框中输入试图破解的用户名，如图 4-34 所示。

图 4-33 编辑用户菜单

图 4-34　添加用户窗口

　　第二种是，如果想破解批量用户的话就要在【编辑】菜单中选择【从列表添加】命令项，并在弹出的文件选择窗口中选择用户列表文件，并单击【打开】按钮（如图 4-35 所示），此时会显示用户列表文件为每行一个用户名的文本文件，如图 4-36 所示。返回 POP3 主机界面，就会发现 POP3 主机列表下方会多出一个新的用户列表，如图 4-37 所示。

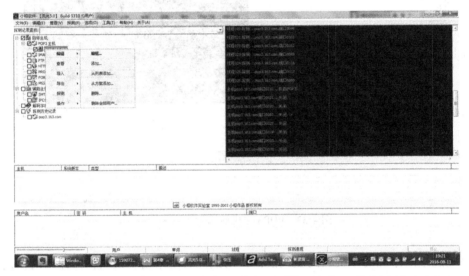

图 4-35（1）　POP3 主机—POP3.163.com—编辑—添加—从列表添加

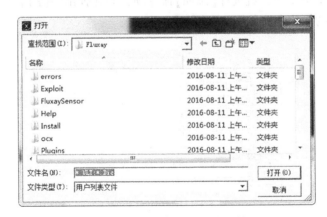

图 4-35（2）　添加用户列表文件

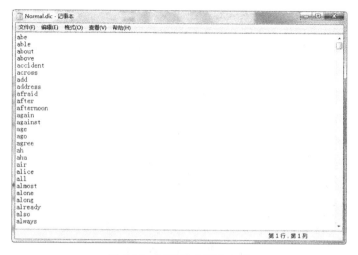

图 4-36 显示用户列表文件

图 4-37 用户添加完成

(4)接下来要进行字典配置。勾选【解码字典或方案】复选框，单击右键，选择【编辑】选项，在弹出的二级菜单中选择【添加】命令项，并在弹出的文件菜单中选取字典文件，如图 4-38 所示。如果没有合适的字典文件的话，可以在流光文件夹中找到几个流光软件自带的字典文件。

流光软件支持多个字典同时扫描，如果想继续添加字典的话可以重复上面的步骤，添

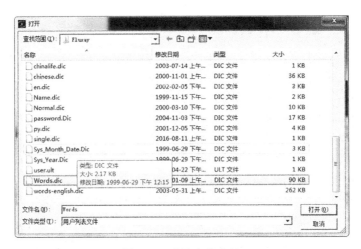

图 4-38　选取字典文件

加完毕后在【解码字典或方案】选项的下方列出了添加的字典文件，如图 4-39 所示。

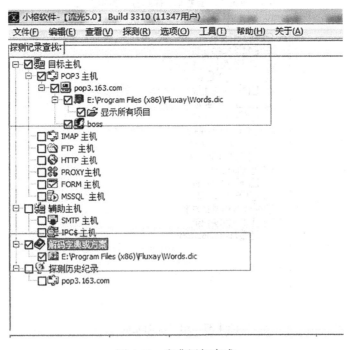

图 4-39　字典添加完成

（5）单击【探测】选项，并在弹出的菜单中选择【标准模式探测】，流光就会自动开始破解，如图 4-40 所示。破解的时间与设置的字典文件的大小及被破解者设置的密码强度相关，如果被破解者使用的密码足够负责，那么很可能要花上几个小时甚至几个星期的时间才可能成功破解，当然前提是这个密码在字典中仍存在。

密码被成功破解后，被破解的用户名及密码都会自动显示在流光主界面的最下方，如图 4-41 所示。

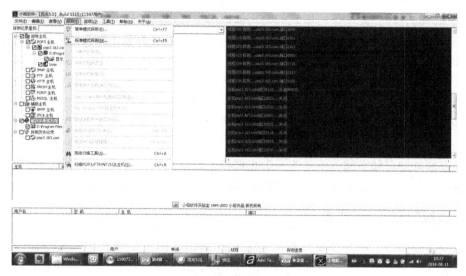

图 4-40　破解开始

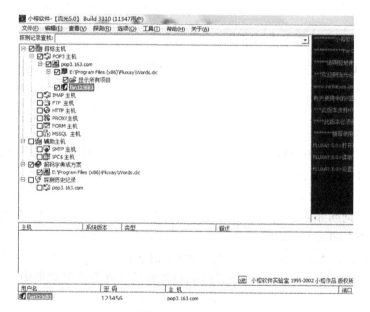

图 4-41　破解结束

2. 保护 E-mail 密码

如何确保 E-mail 密码的安全，已成为每个习惯用 E-mail 藏密码的人一件刻不容缓的事情，以下是一些解决方案。

密码的管理：E-mail 的密码最好选用与其他网络账号不同的密码。自己所有的账号都采用同一个密码固然不容易忘记，但如果黑客偷到了 QQ 或网络游戏的密码后又用这个密码去登录你的 E-mail 的话，那么密码保护形同虚设。

密码保护的管理：无论任何形式的密码保护都不要用真实的问题或答案去填写，哪怕那些问题与答案只有你或你最亲密的人知道。但为了让自己不至于因为密码保护设置的过于复杂而忘记密码，最好选用答非所问的问题，如问题为"天王盖地虎"，答案是"哈利波特特别大"。

信件的管理：E-mail 容量很大，很多人都习惯把除了广告外的所有文件都留在信箱中，这种做法为黑客提供了入侵的途径。你平时的爱好，设置账号或密码的习惯，上网最经常做的事情，都会在你收发的信件中有一个全面的展示。所以定期清理信件内容不仅仅是为了保存额外的存储空间，更是为了阻止那些平日喜欢钻研目标行为习惯的黑客查找更多的信息。

4.2.3　破解远程 FTP 密码

在本书前面的章节中已提到过关于本地 FTP 密码破解的相关知识，不过在通常的情况下，破解者是无法获取目标主机的密码信息文件的。在大多数情况下，黑客破解 FTP 密码仅仅是为了更快地下载网络上的相关资源。由于用户并不需要拥有过高的权限，此时黑客利用 FTP 远程破解工具来获取目标主机的普通用户密码是最合适不过的选择了。

1. My FTP Cracker 破解 FTP 密码

My FTP Cracker 是一款非常小巧的国外生产的 FTP 密码破解工具，它的特点是无需安装、破解速度快、使用简便的同时各项功能又十分齐全。不过该软件也有自身的缺陷：只支持单个用户名的破解，最多只支持连续破解两个用户，如果想继续破解的话只能通过手动重新设置。

（1）图 4-42 所示为 My FTP Cracker 的主界面，在【Connection】标签中设置目标主机的服务器地址与端口，直接在【Server】一栏中填写目标的域名或 IP 地址即可。【Port】一栏为 FTP 地址的端口，默认为 21，可在此栏中更改端口号码。【Re-try to connection if I cant find the server】选项是询问如果连接目标主机失败是否重新连接，此处可自行斟酌。

（2）单击选择【What to crack】标签，设置破解的用户名及密码，如图 4-43 所示。正如上文所说，该软件不支持多用户同时破解，所以在【username】一栏中输入破解的用户名。在【Passwords list】中设置字典文件，单击【Load】按钮后，在弹出的菜单中选择字典文件并单击【打开】按钮，软件会自动加载密码文档，如图 4-44 所示。由于该软件本身只是为破解简单密码口令而设计的，所以对大型字典的支持不是很好，这里建议字典文件的体积不要超过 1MB，否则可能会出现某些错误。当【Passwords list】一栏下方出现如图 4-45 所示的密码字符串时，则表示字典被成功加载，否则请重新设定字典文件。

（3）选择【Other options】标签进入杂项设置，如图 4-46 所示。这里用来设定破解完成后的动作【If I find a password】为成功破解出密码后的行动，选择【Notice me】为提示破解

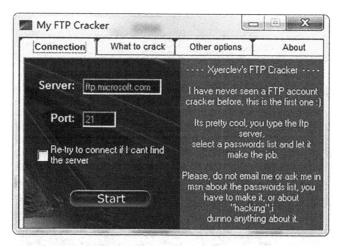

图 4-42 My FTP Cracker 的主界面

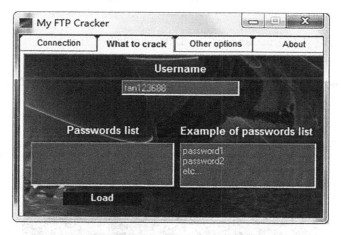

图 4-43 用户名及密码设置界面

图 4-44 选择字典文件

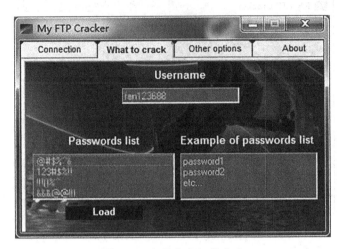

图 4-45　密码字典加载成功

者并停止破解；选择【Notice me and try crack account】选项并在后面一栏中输入一个新账号，则表示继续破解这个新账号。

【if I DON'T find a password】为没有成功破解密码后的行动，选择【Notice me】为提示破解者并停止破解；选择【Shut down PC】则表示破解完成后自动关机。

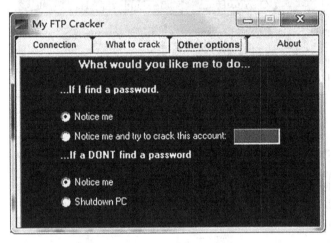

图 4-46　杂项设置页面

（4）选择【Connection】标签返回主界面，并单击【Start】按钮开始破解，图 4-47 所示。

4.2.4　论坛和网络社区密码防范

网络社区与论坛又被俗称为"BBS"，是一种为互联网用户之间提供交流的工具。目前网络上的社区与论坛可以用"多如牛毛"来形容，大到网易、新浪等门户站点，小到学校

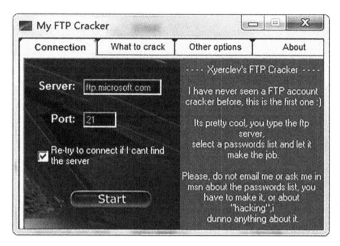

图 4-47　开始破解

或单位的主页上，都可以看到一个"BBS"的链接地址。这些 BBS 虽然从规模上看有着天壤之别，不过它们都有一个共同的特点，就是同样拥有不错的安全性。这种情况要从 2003 年说起：

大约在 2003 年的暑期阶段，一种被称为"SQL INJECTION"的国外入侵技术在国内悄然兴起，SQL INJECTION 是一种利用网页脚本文件设计的漏洞进行入侵的方法。由于这种技术本身入门轻松，入侵方法又灵活多样，让人防不胜防，使得当时的互联网每天都有爆炸性的黑客事件出现。而 BBS 由于本身全部是由脚本文件写成的，所以在那个时期简直成了黑客眼中的大蛋糕。经过那段混乱的状态后，BBS 的设计者们只能痛定思痛，不断地将自己的论坛程序进行完善。直到今天，网络上普遍流行的 BBS 程序成了网站上最坚固的一面。既然 SQL INJECTION 已成为过去，那么黑客们总要想出新的入侵技术来，这就是本节所要讲述的——暴力破解技术。

1. 论坛和网络社区密码破解原理剖析

从理论上讲，利用传统的暴力破解密码的方式来获取 BBS 密码是完全行不通的。如图 4-48 所示是一个标准的 BBS 登录界面，从图中可以看到除了正常地输入账号与密码外，用户还需要输入系统随机生成的 3 位认证码(更多的时候叫验证码)，因为认证码是以图片的形式出现，导致几乎没有一款工具可以自动输入认证码。由于 BBS 程序通常都会先判断认证码是否正确，再判断用户名与密码是否正确，也就是说一个小小的认证码完全将暴力破解密码之路给封死了。

不过熟悉 BBS 运作方式的读者都会知道，无论是网络社区还是论坛，BBS 上所有的资料都会被保存在一个数据库中，而这个数据库会被存储在 BBS 的同级或是下一级文件夹中，只要获取了这个数据库，就等于掌握了该 BBS 上所有用户的资料。

当然，作为 BBS 最重要的一个文件，除了某些完全没有安全意识的管理员外，没有人会把数据库放到默认的文件夹下让任何人都能随便下载。这个时候，就需要采用一些相

图 4-48　论坛登录界面

关的工具来猜解出数据库存放的地址。

2. 利用 HDSI 获取论坛和网络社区密码

自动猜解 URL 地址从技术上来讲十分容易办到，绝大多数黑客扫描工具都拥有此功能。对于暴力猜解而言，选择工具首先要考虑速度；其次，由于要进行大规模地扫描，所以要找到一款方便修改字典文件的工具。经过笔者测试，一款名为 HDSI 的工具拥有上面所说的所有优势。

图 4-49 所示的 HDSI 是一款多功能的 SQL 探测工具，它可以读取网站上不同文件夹下所有的文件，并且可以自定义扫描的内容。

3. 防止论坛资料被泄露

论坛的数据库破解方法虽然千奇百怪，不过作为管理员，相对的防御方法却比较简单，只要做到以下几点，就可以很轻松地防止论坛的数据库被心怀叵测的人破解。

（1）用很长名字的数据库。从本节中可以看到，利用暴力猜解数据库路径实际上是有其局限性的，原因是受网速的限制不能猜出太长的文件名。所以，只要管理员发挥自己的想象力，设置出一个非常长的文件名就可以杜绝黑客的暴力猜解了。此方法仅仅只针对暴力猜解而已，一旦黑客通过其他方式获取了数据库路径（如本节引言部分所说的 SQL INJECTION），再长的文件名也阻止不了数据库被下载。

（2）将数据库名后缀改为 ASA 或 ASP。用 Access 打开数据库文件，新建一个表，起个名字，在表中添加一个 OLE 对象的字段，然后添加一个记录，在记录中插入一个内容"<%"，这样当黑客下载数据库文件时，就会因为 ASP 或 ASP 文件缺少"%>"而拒绝下载。

（3）数据库名前加"#"。由于 HTTP 协议对地址解析的特殊性，浏览器或下载文件访问地址时不会去注意"#"后面的内容，这样黑客就无法对数据库进行下载。

（4）数据库放在 web 目录外或将数据库连接文件放到其他虚拟目录下。例如，论坛的

图 4-49 HDSI

web 目录是"e：\webroot"，可以把数据库放到"e：\data"这个文件夹里，在"e：\webroot"里的数据库连接页中修改数据库链接地址为"…/data/数据库名"的形式，这样数据库可以正常调用，但是无法下载，因为它不在 web 目录里。不过此办法只适合于拥有服务器的用户，虚拟空间用户是无法设置虚拟目录的。

5　加密解密常用工具

人们常说，"工欲善其事，必先利其器"，对于数据加密解密技术的学习者来说，一款优秀的加解密软件足以让一个对数据加密解密技术完全不了解的人成为一名加密解密高手。只要熟练地掌握了这些工具的使用技巧，你就拥有了与任何一位成名已久的黑客相匹敌的力量。

5.1　密码恢复工具 Cain & Abel

Cain & Abeld 是由 Oxid. it 开发的一个针对 Microsoft 操作系统的免费口令恢复和网络嗅探测试工具。它的功能十分强大，可以网络嗅探、网络欺骗、破解加密口令、解码被打乱的口令、显示口令框、显示缓存口令和分析路由协议，甚至还可以监听内网中他人使用 VOIP 拨打电话。

Cain & Abel 的名字来源于圣经的故事，Cain 和 Abel 都是亚当和夏娃的儿子，Cain 是一个种田的农民，性格暴躁，Abel 是一个性格温和的牧羊人。有一次因为上帝接受 Abel 的进贡物，Cain 得到冷落，Cain 发怒而杀害了自己的亲兄弟 Abel，因而被上帝驱逐流落人间。Cain 的执行程序共有两个：主程序 Cain(图 5-1 为 Cain 程序主界面)和后台服务文件 Abel。

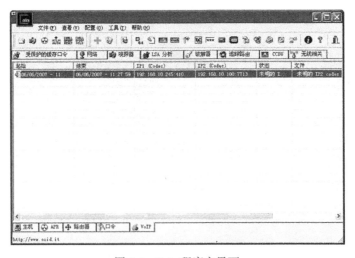

图 5-1　Cain 程序主界面

Cain 的安装过程十分简单，不过本程序需要网络封包抓取工具 WinPcap(图 5-2)的支持。Cain 安装完毕后，系统会自动检测是否已安装了 WinPcap。

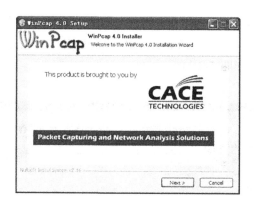

图 5-2 WinPcap

5.1.1 读取缓存密码

切换到"受保护的缓存口令"标签，点上面的那个加号，缓存在 IE 里的密码全都显示出来了，如图 5-3 所示。

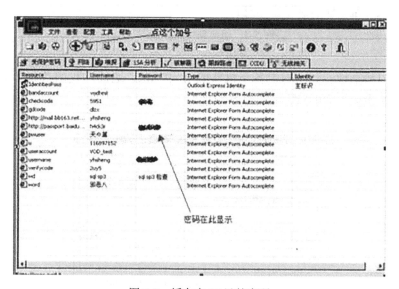

图 5-3 缓存在 IE 里的密码

5.1.2 查看网络状况

切换到"网络"标签，可以清楚地看到当前网络的结构，我还看到内网其他的机器的共享目录，用户和服务。通过上图，我们清楚地看到 Smm-DB1 开启了 IPC $ 默认共享连接和其他盘隐藏共享。

5.1.3 ARP 欺骗与嗅探(1)

ARP 欺骗的原理是操纵两台主机的 ARP 缓存表,以改变它们之间的正常通信方向,这种通信注入的结果就是 ARP 欺骗攻击。ARP 欺骗和嗅探是 Cain 中我们用得最多的功能了,切换到"嗅探"标签,如图 5-4 所示。

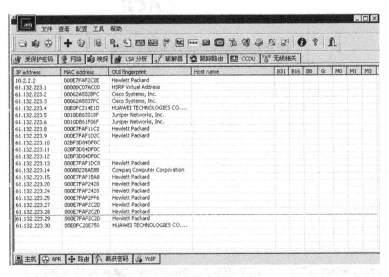

图 5-4　切换到"嗅探"标签

在这里可以清晰地看到内网中各个机器的 IP 和 MAC 地址。我们首先要对 Cain 进行配置,先点最单击最上面的"配置"(图 5-5)。

图 5-5　"配置"对话框

在"嗅探器"中选择要嗅探的网卡，在"ARP（Arp Poison Routing）"中可以伪造 IP 地址和 MAC 地址进行欺骗，避免被网管发现。（图 5-6）

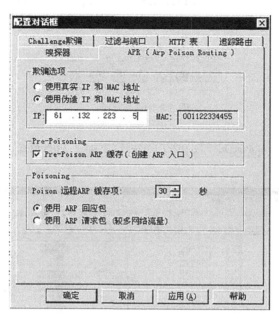

图 5-6　APR

在"过滤与端口"中可以设置过滤器。（图 5-7）

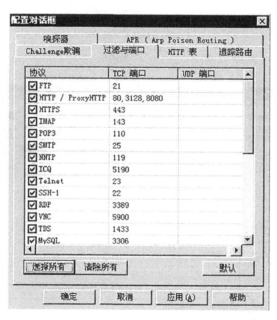

图 5-7　在"过滤与端口"中可以设置过滤器

可以根据自己的需要选择过滤的端口，如嗅探远程桌面密码，就勾选 RDP 3389端口。

提示：比如我要嗅探上面的 61.132.223.10 机器，第二个网卡显示我的 ip 地址为 61.132.223.26，和目标机器是同一内网的，就使用第二个的网卡欺骗。（图 5-8）

图 5-8 网卡欺骗

单击网卡的那个标志开始嗅探，旁边的放射性标志则是 ARP 欺骗。（图 5-9、图 5-10）

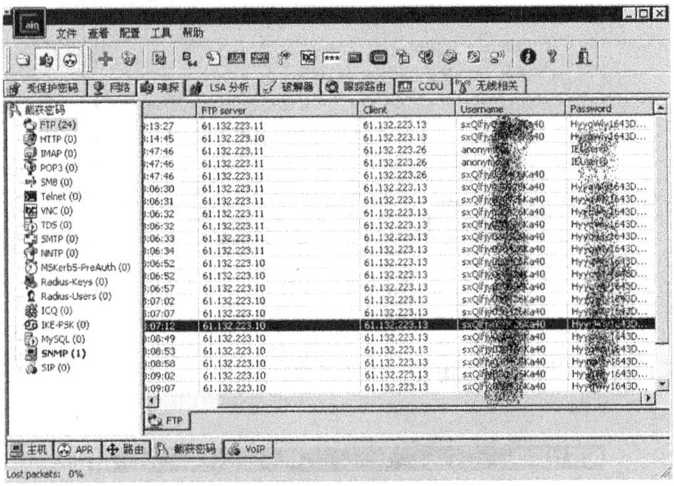

图 5-9 ARP 欺骗

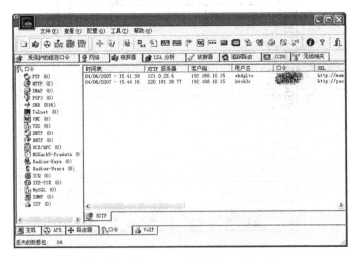

图 5-10 ARP 欺骗

嗅探之后，点击下面的"截获密码"，嗅探所得到的密码会按分类呈现在大家面前，包括 http、ftp、VNC、SMTP、ICQ 等密码。如果目标主机使用 voip 电话，还可以获得他使用 voip 电话的录音，如图 5-11、图 5-12 所示。

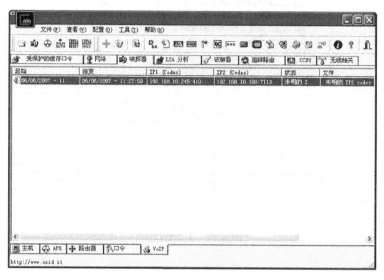

图 5-11　密码展示

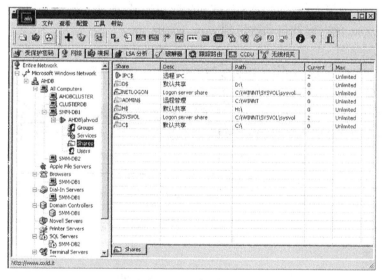

图 5-12　密码展示

5.1.4　ARP 欺骗与嗅探(2)

ARP 欺骗，点击下面的"ARP"标签，如图 5-13 所示。

在右边的空白处单击，然后点上面的"加号"，出现"新建 ARP 欺骗"对话框，在左边

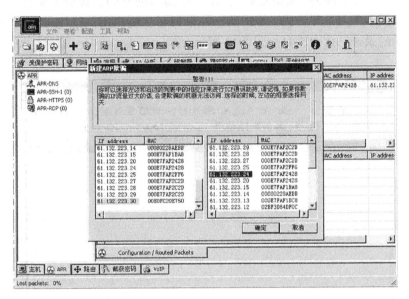

图 5-13　Arp 欺骗

选网关，右边选择被欺骗的 IP。

这里要注意的是，如你的机器性能比网关差，会引起被欺骗机器变慢。

在"DNS 欺骗"中填入请求的 DNS 名称和响应包的 IP 地址，如图 5-14，当目标地址访问 www.hao123.com 的时候就自动跳转到 www.google.cn。

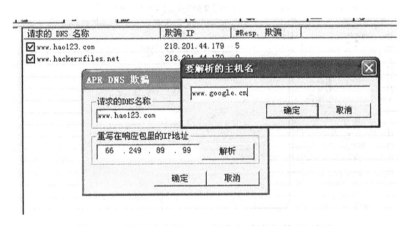

图 5-14　填入请求的 DNS 名称和响应包的 IP 地址

5.2　易用的加密解密工具——X-SCAN

在过去很长一段时间内，黑客圈中的人经常把 X-SCAN 与流光放到一起，将这两款软件称为黑客手中的"倚天屠龙"。X-SCAN 的优势在于它拥有更准确的扫描结果、更稳定的运行环境以及更多的扫描功能。

5.2.1 X-SCAN 功能简介

1. 功能简介

X-SCAN 采用多线程方式对指定的 IP 地址段(或单机)进行安全漏洞检测,支持插件功能。扫描内容包括:远程服务类型,操作系统类型及版本,各种弱口令漏洞,后门、应用服务漏洞,网络设备漏洞,拒绝服务漏洞等 20 多个大类。对于多数已知漏洞,软件的制作者给出了相应的漏洞描述、解决方案及详细描述链接。另外,漏洞资料正在进一步整理完善中,用户也可以通过安全焦点的"安全文摘"和"安全漏洞"栏目查阅相关说明。X-SCAN3.0 及后续版本提供了简单的插件开发包,便于有编程基础的用户编写 X-SCAN 或将其他调试通过的代码修改为 X-SCAN 插件。

2. 运行环境

在 X-SCAN 的版本更新至 3.0 后,软件适用于 WindowsNT 及以上的操作系统,据实际测试,X-SCAN 的最佳运行环境为 Windows 2000 Server 以上的版本。运行 X-SCAN 需要 WinPCap 驱动程序的支持,在 X-SCAN 运行后软件会自动检测并安装 WinPCap。如果已安装的 WinPCap 驱动版本不支持 X-SCAN,用户可以单击 X-SCAN 主界面中的【工具】选项并在弹出的菜单中选择 Install winPcap 项,根据提示自动安装 WinPCap。

3. X-SCAN 主要文件说明

xscan_gui. exe:X-SCAN 图形界面主程序。
checkhost. dat:插件调度主程序。
update. exe:在线升级程序。
/dat/language. ini:多语言配置文件,默认只支持简体中文与英语,如果用户使用其他语种可在此进行添加。可通过设置主界面中的【LANGUAGE】选项进行切换。
/dat/config. ini:当前配置文件,用于保存当前使用的所有设置。
/dat/ * . cfg:用户自定义配置文件。
/dat/ * . dic:用户名/密码字典文件,用于检测弱口令用户。

5.2.2 X-SCAN 使用指南

将 X-SCAN 文件解压后,运行 xscan_gui. exe 就可以进入 X-SCAN 主界面中(图 5-15),在扫描开始前要先对软件进行设置,步骤如下。

(1)单击主界面中的 按钮或选择工具栏中的【设置 1】选项,并在弹出的菜单中选择【扫描参数】项。

(2)在弹出的【扫描参数】窗口中,首先对【检测范围】进行设置,在【指定 IP 范围】文本框中输入目标主机的 IP 地址,如图 5-16 所示。此处可以填写单个 IP 地址、批量 IP 地址、主机名称以及主机域名等，关于填写的有效格式可以单击输入栏右侧的【示例】按钮查看。

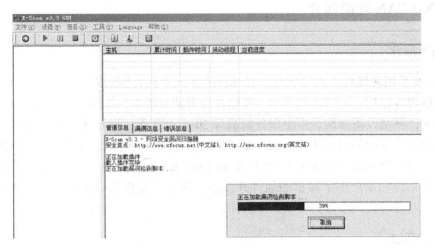

图 5-15　X-SCAN 主界面

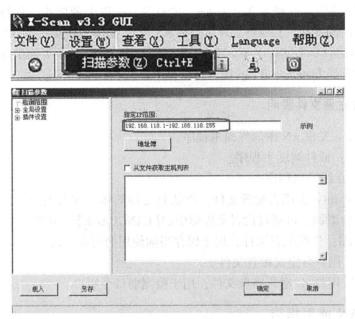

图 5-16　扫描参数设置

如果主机列表被存储在文本中，可以勾选【从文件获取主机列表】复选框，并在弹出的窗口中选取主机列表文件，如图 5-17 所示。如果列表格式正确，主机列表会被正确地显示在下方的空白方框内，如图 5-18 所示。

(3) 选择【扫描参数】窗口左侧的【全局设置】项，并在弹出的扩展菜单中选中【扫描模块】选项对扫描动作进行设置，如图 5-19 所示。

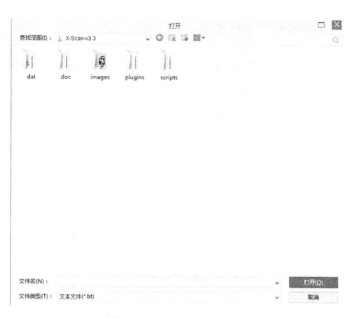

图 5-17 选取主机列表文件

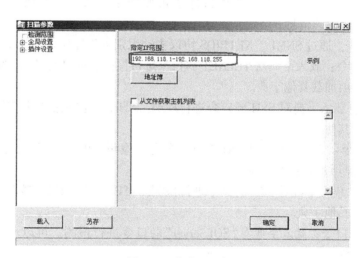

图 5-18 指定 IP 范围

其中各项参数的功能如下。

开放服务：用于扫描 TCP 端口状态，并根据用户设置主动识别开放端口正在运行的服务及目标操作系统类型。

NT-Server 弱口令：通过 139 端口对 WindowsNT/2000 服务器弱口令进行检测。当从服务器获取用户列表失败时，会重新加载字典文件中的用户列表。可以通过"扫描参数"窗口中的"字典文件设置"项加载其他字典。

NETBIOS 信息：通过 NETBIOS 协议搜集目标主机注册表、用户、共享、本地组等敏

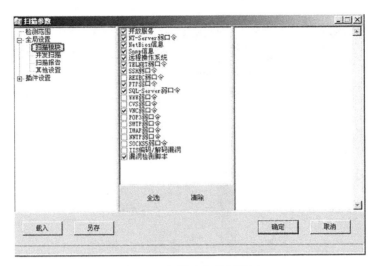

图 5-19　扫描动作进行设置

感信息。

SNMP 信息：通过 SNMP 协议搜集目标主机操作系统版本、开放端口、连接状态 windows 用户列表等敏感信息。

远程操作系统：通过 SNMP、NETBIOS 协议主动识别远程操作系统类型及版本。

TELNET 弱口令：载入字典对 TELNET 弱口令进行检测。可以通过"扫描参数"窗口中的字典文件设置"项加载其他字典。

SSH 弱口令：载入字典对 SSH 弱口令进行检测。可以通过"扫描参数"窗口中的"字典文件设置"项加载其他字典。

REXEC 弱口令：载入字典对 REXEC 弱口令进行检测。可以通过"扫描参数"窗口中的"字典文件设置"项加载其他字典。

FTP 弱口令：载入字典对 FTP 弱口令进行检测。可以通过"扫描参数"窗口中的"字典文件设置"项加载其他字典。

SQL-Server 弱口令；载入字典对"SQLServer"弱口令进行检测。可以通过"扫描参数"窗口中的"字典文件设置"项加载其他字典。

WWW 弱口令：载入字典对 HTTP/HTTPS 弱口令进行检测。可以通过"扫描参数"窗口中的"字典文件设置"项加载其他字典。

CVS 弱口令：载入字典对 CVS 弱口令进行检测。可以通过"扫描参数"窗口中的字典文件设置"项加载其他字典。

VNC 弱口令：载入字典对 VNC 弱口令进行检测，目前 X-SCAN 只支持 VNC33 认证协议及 VNC4.0 协议的匿名模式。可以通过"扫描参数"窗口中的"字典文件设置"项加载其他字典。

POP3 弱口令：载入字典对 POP3(是一种邮件接收服务器)弱口令进行检测。可以通过"扫描参数"窗口中的"字典文件设置"项加载其他字典。

SMTP 弱口令：载入字典对 SMTP(是一种邮件发送服务器)弱口令进行检测。可以通过"扫描参数"窗口中的"字典文件设置"项加载其他字典。

IMAP 弱口令：载入字典对 IMAP 弱口令进行检测。可以通过"扫描参数"窗口中的"字典文件设置"项加载其他字典。

NNTP 弱口令：载入字典对 NNTP 弱口令进行检测。可以通过"扫描参数"窗口中的"字典文件设置"项加载其他字典。

SOCKS5 弱口令：载入字典对 SOCKS5(代理服务器)弱口令进行检测。可以通过"扫描参数"窗口中的"字典文件设置"项加载其他字典。

IIS 编码/解码漏洞：用于 IIS 编码/解码漏洞，目前检测的漏洞包括："Unicode 编码漏洞"、"二次解码漏洞"和"UTF 编码漏洞"。此漏洞为 2000 年前后的一种系统漏洞，只有十分古老版本的 windowsNT/2000 才可能有此漏洞，建议用户不要使用此项来浪费时间。

e 漏洞检测脚本：用于加载漏洞检测脚本进行安全检测。

用户可根据自己的实际需要选择准备进行的扫描动作，设置完毕后选择【并发扫描】项进行下一步设置，如图 5-20 所示。

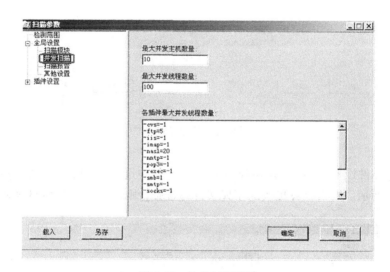

图 5-20　并发扫描设置

(4)【并发扫描】项是用来设置软件的扫描项的，在【最大并发主机数量】文本框输入同时扫描的主机数量；在【最大并发线程数量】文本框输入单个主机扫描的线程数。这两项数值越大扫描速度也就越快，如果数值填写的过大将可能造成网络堵塞等问题，所以此处请慎重考虑。

(5)【扫描报告】项是用来设置扫描完成后生成的报告文件，这里无需过多理会。接下来选择【其他设置】项对一些杂项进行设置，如图 5-21 所示。

如果选择【跳过没有响应的主机】项，那么 X-SCAN 在扫描之前会通过 ping 的形式检测目标主机是否连接到了网络中；选择【无条件扫描】项则不进行 ping 检测直接进行扫描。前者可以极大地提高扫描速度，但是由于绝大多数防火墙都会自动禁止 ping 检测，所以如此一来软件会认为对方没有连接网络而将其忽略；后者可以更精确地对目标进行扫描，但由于事先没有检测对方是否连接到了网络中，所以会消耗掉很多时间并可能在做无用功。

【跳过没有检测到开放端口的主机】项是一个很管用的选项，因为所有的网络服务都需要通过端口的形式进行远程连接，如果对方主机没有开放任何端口，那么扫描也就没有意义了。

【使用 NMAP 判断远程操作系统】项和【显示详细进度】项并没有太多实际意义，无论是否选中这两项都对扫描过程没有影响。

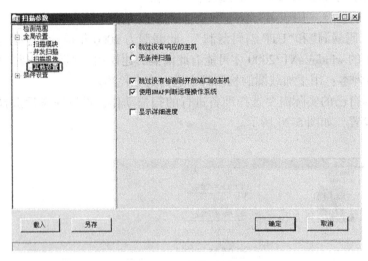

图 5-21　其他设置

(6)选择【插件设置】选项，并在弹出的扩展菜单中选择【字典文件设置】项来设置字典，如图 5-22 所示。右击打算更改的字典文件并选择【编辑】项(如图 5-23 所示)，在弹出

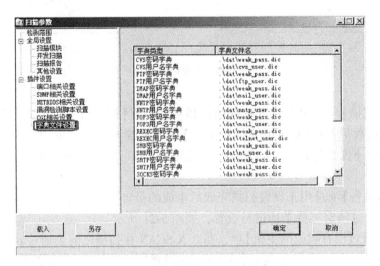

图 5-22　设置字典

的窗口中选择打算使用的字典文件即可，如图 5-24 所示。

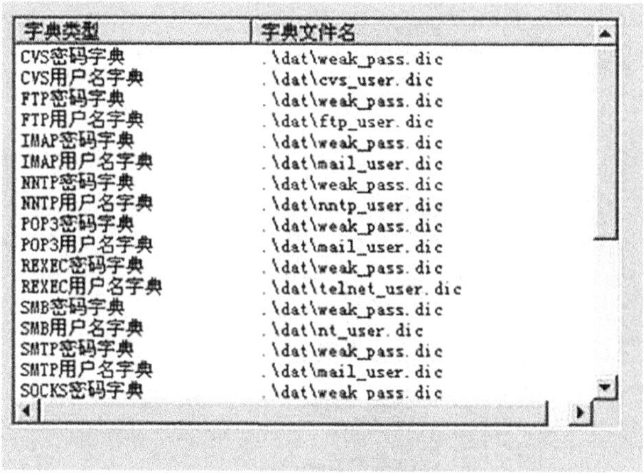

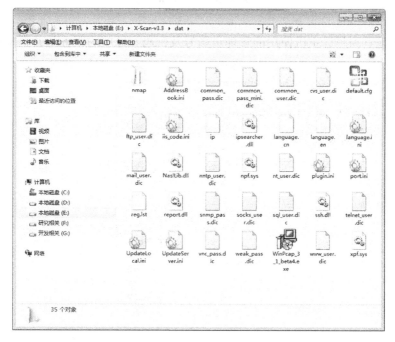

图 5-23　更改的字典文件

图 5-24　选择扫描目标

　　设置完毕后单击【确定】按钮返回 X-SCAN 主界面中，单击主界面中的按钮或选择工具栏中的【文件】选项，并在弹出的菜单中选择【开始扫描】项开始对目标进行扫描，如图 5-24 所示。在扫描的过程中可以通过主界面右下方的空白处看到当前的扫描进度，如图 5-25 所示，并在主界面的左侧看到已经扫描到可以利用的信息。

　　当扫描结束后，软件会自动弹出一个 HTML 格式的扫描报告，如图 5-26 所示。从报

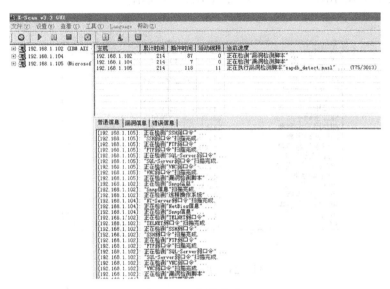

图 5-25　扫描完成

告中可以详细地看到目标主机使用的管理员账号及密码、开放的服务与共享文件等。

图 5-26　扫描报告

5.3　兼具数据修复的加密工具——WinHex

　　图 5-27 所示为 WinHex 的用户主界面，WinHex 是一个专门用来对付各种日常紧急情

况的十六进制编辑器。它可以用来检查和修复各种文件,恢复删除文件及硬盘损坏造成的数据丢失等。同时,它还可以用来查看由其他程序隐藏的文件和数据。正因为上述这些功能,使得黑客可以通过 WinHex 十分轻松地查出以明文形式存储在内存中的各种软件密码,成为不少黑客进行密码破解过程中必备的工具之一。

图 5-27　WinHex

5.4　用 WinHex 检查安全性

除了可以查找隐藏在软件中的密码外,WinHex 在网络攻防方面还具备很多功能,比如可以很容易地检测一款软件是否被捆绑了其他木马或恶意程序。使用 WinHex 打开任意一款 Windows 下可执行文件,如果在开头部分看到一段"This program cannot be run in DOS mode"或"This program must be run under Win32"的字符。大多数的时候,黑客或投放木马的人都会将两个可执行文件简单地捆绑在一起,捆绑后的可执行文件会保留有原文件所有的特征,只要使用 WinHex 检测一下是否有多个"This program must be run under Win32"或类似的字符就可以知道该文件是否被捆绑。

WinHex 的演示如下:

(1)在 WinHex 的主界面中选择【文件】选项,在弹出的菜单中选择【打开】项,如图 5-28 所示,或者单击工具栏中的打开(图 5-29)按钮,并在弹出的窗口中选择打算检测的文件,如图 5-30 所示。

(2)选择【搜索】项,在弹出的菜单中选择【查找文本】项(如图 5-31 所示)或单击主界面中的【查找】(图 5-32)按钮。在弹出的【查找文本】窗口中,在【下列文本字符将被搜索】栏下输入"Santiago"并单击【确定】按钮,如图 5-33 所示。

(3)只要是正确的可执行文件,那么第一次查找一定会搜索到一个结果,如图 5-34 所示。接下来选择【搜索】项中的【继续搜索】选项,如图 5-35 所示,搜索结果如图 5-36 所示。

图 5-28 【文件】选项

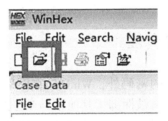

图 5-29 打开

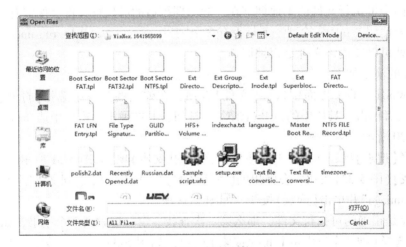

图 5-30 打开文件

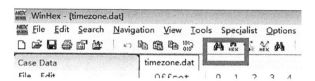

图 5-31　搜索选项

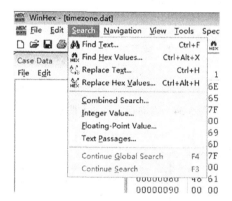

图 5-32　搜索

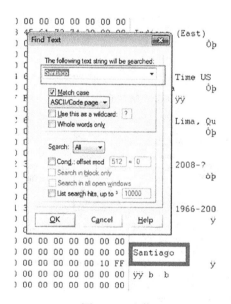

图 5-33　查找

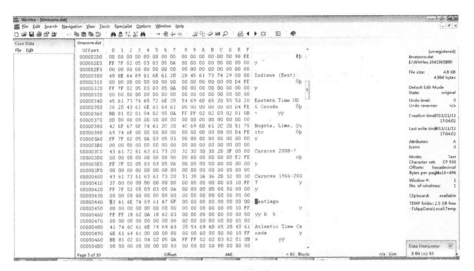

图 5-34　查询到的第一个搜索结果

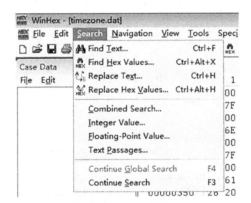

图 5-35　继续查找下一个

图 5-36　未找到关键字

5.5 字典生成器

关于字典文件，在本书的前几章已经提及过，对于使用穷举式密码破解方法，字典的重要性远远超过破解软件的速度或是破解者本人的技术实力。在大多数的时候，字典文件普遍都需要数百万甚至上千万条密码的组合（专门猜解空口令或弱口令的字典除外）。如此庞大的数字当然不可能靠人工进行输入，所以字典生成软件就应运而生了。

5.5.1 黑客字典剖析

黑客字典Ⅲ是流光 5.0 以后的版本中内置的一款可以与绝大多数解密软件配合使用的字典生成器，黑客字典本身也秉承了小榕系列软件一贯简单易用的特性，同时具有功能完善的风格，是广大密码破解初学者的首选工具，它的具体使用方法如下。

（1）执行流光 5.0 主程序，在主界面中选择【工具】选项，在弹出的菜单中选择【字典工具】，并在弹出的二级菜单中选择【黑客字典Ⅲ—流光版】选项，如图 5-37 所示。

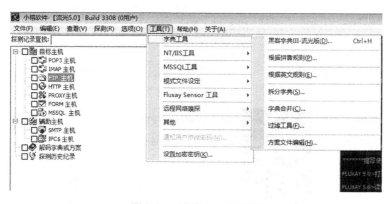

图 5-37　流光 5.0 主程序

（2）在弹出的如图 5-38 所示的黑客字典【设置】窗口中，首先进行如下基础设置。

在【设置】标签页，用户可以设置单词中字母和数字的数目与范围。例如，图 5-38 中设定字母数为 3，数字数为 2，字母范围为从 A~z，数字范围从 0~9，这样产生的字典是从 AAA00 到 ZZZ99 的所有组合。用户也可以只选定字母或数字。在【设置】标签页中，还有一个符号的选项，如果选中该项，则用户的字母组合为所选的字母范围加上符号（对应于 ASCII 码中的 20~2E）。考虑到大多数人都不会用特殊符号做密码，所以这里笔者不建议大家选中此选项。

（3）选择【选项】标签，进行下一步设置。【选项】标签页中共有 6 个可以自行选择的选项，如图 5-39 所示，它们的作用如示：

字母采用大写形式：以前文的设定为例，产生的字典范围为 AAA00~ZZZ99。

仅仅首字母大写：以前文的设定为例，产生的字典范围为 Aaa00~Zzz99。

数字在字母前：以前文的设定为例，产生的字典范围为 00aaa~99zzz。

仅仅使用 LF 间隔：一般的解密软件所使用的字典要求每个单词间用 LF 和 CR 作为间隔，但是也有一些早期的破解工具要求只用 LF 做间隔（如 CrackZip），所以除非破解软件中有特别注明，否则不选择此项。

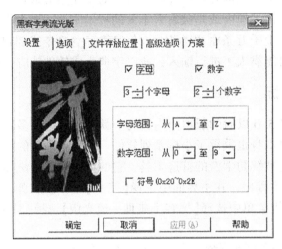

图 5-38 黑客字典

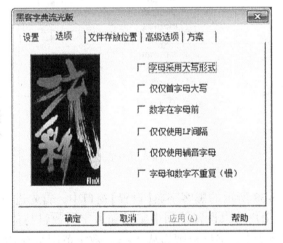

图 5-39 字典选项

仅仅使用辅音字母：事实上，很大一部分人设置密码都是用自己名称的拼音缩写加数字的组合，而一般拼音缩写的字母绝大多数是辅音字母，于是软件的制作者就有针对性地设置了这个选项。此选项在破解批量密码时拥有十分成功的破解几率。

字母和数字不重复：使用此选项可以极大地增加字典文件的词条数，同时也使得破解过程变得十分漫长，用户可以根据自身情况进行选择。

（4）如果用户对目标的密码没有任何了解，那么设置到第 3 步就可以完成了。如果用户获取了目标密码中的一部分信息（如掌握了密码中某个位置是字母还是数字，或者密码中只拥有某些特定的字母或数字），就可以选择【高级选项】标签进行下一步设置。

如图 5-40 所示，【高级选项】标签中可供选择的有【使用高级选项生成字典】或【使用方案生成字典】两个选项。

如果选择【使用高级选项生成字典】，则可以选择界面上方的【字母位置】、【数字位置】和【符号】位置项。例如，目标的密码可以确定为是前 2 位字母加上后 3 位的组合，就勾选【字母位置】中的 1 和 2，并勾选【数字位置】中的 3、4 和 5，如图 5-41 所示。

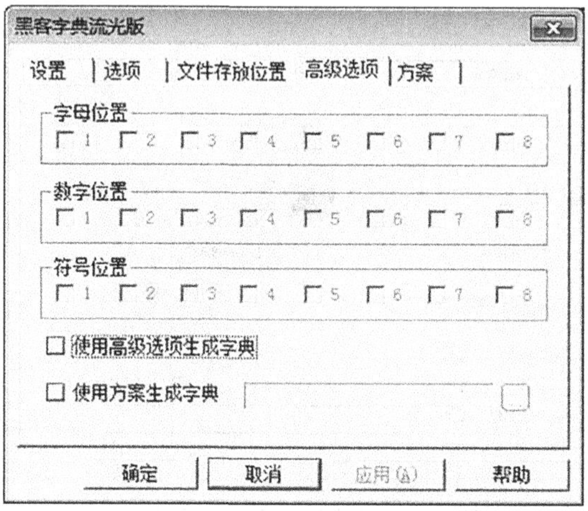

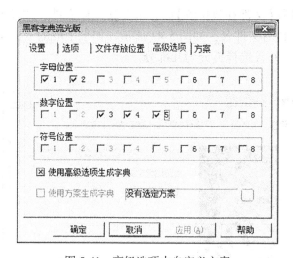

图 5-40 高级选项

图 5-41 高级选项中自定义方案

如果选择【使用方案生成字典】，则首先需要创建一个方案文件，在任意一个文件夹下创建一个纯文本文档，并在文档中输入字典选用的字符范围如：

```
cdefghijklmnop
123
ABC
```

那么，字典选用的字符范围就只有第一行为"cdefghijklmnop"、第2行为"123"、第3行为"ABC"。文档创建完毕后将其扩展名修改为"sch"，并使用黑客字典中的【浏览】按钮载入，如图5-42所示。

图5-42　文档创建完毕后另存为

（5）设置完毕后选择【文件存放位置】标签来保存字典文件，如图5-43所示。单击【浏览】按钮，选择保存路径与文件名，如图5-44所示。如果生成的字典文件体积过大，可以勾选【拆分文件】选项，并且选择拆分为几部分。

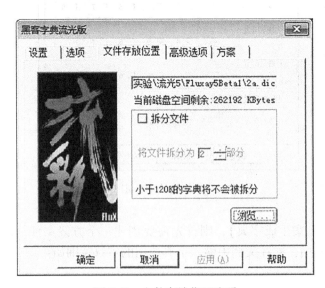

图5-43　文件存放位置选项

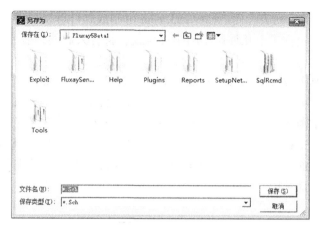

图 5-44　另存为界面

(6)全部设置完成后单击【确定】按钮，接下来会弹出一个确认窗口。如果用户不需要修改，可以直接单击【开始】按钮进行字典生成，如果需要重新修改可以单击【再等一会】按钮进行重新设置。

5.5.2　超级字典生成器——Superdic

Superdic(如图 5-45 所示)是一款国内最优秀的字典生成器之一。

该软件拥有如下特点：

程序采用高度优化算法，制作字典速度极快，约每分钟 800 兆(CPU = 800MHz)；

精确选择所需要的字符，针对性更强；

自定义字符串采用了绝对长度匹配算法，使生成的密码长度与你所选择的长度严格吻合(一般的字典制作工具将字符串视为一个字符，故生成密码的长度参差不齐)；

特殊位字符定义，可以满足用户的特殊要求，从而使字典长度更小；

修改字典功能。可将一本现有的字典按需求进行字符串的前插和后插(例如，前插

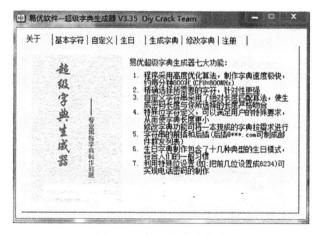

图 5-45　超级字典生成器

13x 可以制作成手机群发列表，而后插@163.com 可制成邮件群发列表）；

生日字典制作。包含了十几种典型的生日模式，符合人们的一般习惯；

利用特殊位设置（如把前几位设置成 6234）可实现电话密码的制作。虽然 Superdic 是一款非常专业的字典生成器，不过与其他同类软件相比，Superdic 在操作上并不复杂，可以说这是一款适合各种用户类型的字典生成器。Superdic 的使用方法如下所示。

（1）选择主界面中的【基本字符】标签，将字典中出现的字符进行筛选，如图 5-46 所示。用户可以设置的字符包括数字、大写字母、小写字母以及图中所示的 33 个常用符号。用户只需勾选所需要的字符即可。如果不想对字符进行筛选，则单击【全选】按钮，所有的字符类型就会被全部选中。

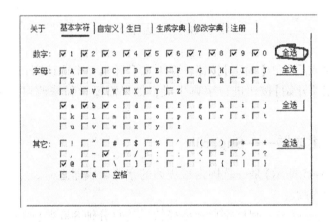

图 5-46　定义基本字符

（2）【自定义】标签是用来对字典中的字符串与特殊位进行设置的，如图 5-47 所示。一旦定义了字符串，那么该串字符组合将会一直作为一个整体出现在字典中，如果用户已知目标密码的某些组合（如某个单词或拼音缩写），就可以用此设定来提高破解速度；特

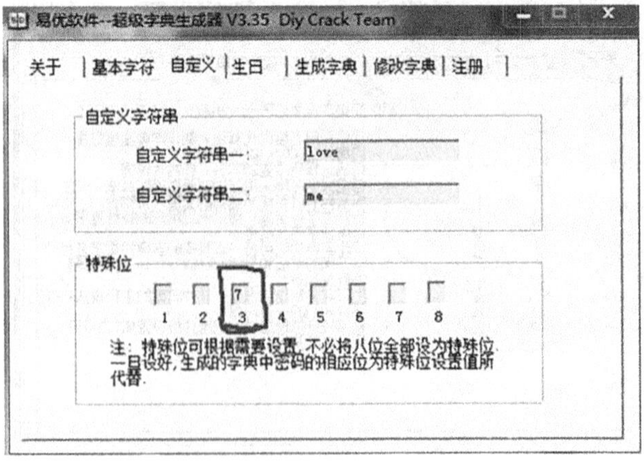

图 5-47　自定义字符串或者特殊位

殊位是用来设置字典中特定位置中存在的字符，如果用户已知目标密码中某个位置的字符就可以在此处设置。如果将第4位的特殊字符设为5，那么在字典中生成的所有密码的第4位都会是数字5。

（3）【生日】标签是用来设置以生日为密码的字典文件的，如图5-48所示。此处的设置与前面的【基础字符】设置之间相互不影响，【生日】界面中的设置十分简单，用户只需要将生日中年与月的范围填写到图5-48的【范围】一栏中，并勾选一项或多项【模式】中的生日格式即可（格式内容可以参考选项后括号内的例子）。

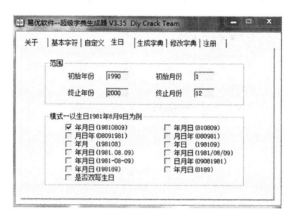

图5-48 自定义生日

（4）上述各项设置完毕后，选择【生成字典】标签来生成字典文件，如图5-49所示。在【保存路径】一栏中输入字典生成的路径，并在【密码位数】一栏勾选字典中生成的字符串位数（可多选）。设置完毕后单击【生成字典】按钮，接下来会弹出一个确认窗口，提示本次生成密码总数、字典文件的大小以及目前磁盘可用空间，如图5-50所示。单击【确定】按钮开始生成字典，如果需要重新设置则单击【取消】按钮。

图5-49 选择【生成字典】

图5-50 提示本次生成信息

(5)除了以上设置外，Superdic 还拥有独特的【修改字典】模式，如图 5-51 所示。单击【源字典路径】后的【浏览】按钮，选取想修改的字典文件。可以选择在每个密码前插入字符串选项(比如，电话号码中的区号、手机号码的 13x 等)，也可以选择【在每个密码后插入字符串】选项(比如 E-mail 中的@ 163. com 等)。字符串输入完毕后，在【保存路径】一栏中输入修改后的字典文件保存地址，并且可以单击【修改字典】按钮完成字典文件的设置。

图 5-51　修改字典

5.6　其他常用加密工具

5.6.1　EncryptTool

EncryptTool 是一款支持 DES、3DES、AES、MD5、SHA1、BASE64 加解密实验的工具。如图 5-52 所示。

图 5-52　EncryptTool

在算法选择中选择"DES", 如图 5-53 所示。

图 5-53 选择"DES"

输入密钥如图 5-54 所示。

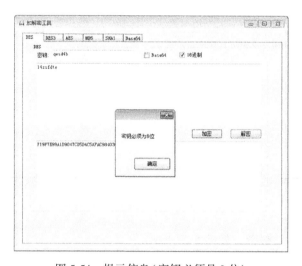

图 5-54 提示信息(密钥必须是 8 位)

密钥必须是 8 位, 否则不能加解密, 如图 5-55 所示。

图 5-55 密钥长度不足

输入 8 位密钥, 选择加密, 如图 5-56 所示。

图 5-56 加密

输入 8 位密钥, 选择解密, 如图 5-57 所示。

图 5-57 解密

当然还可以选择 Base64 编码加密，如图 5-58 所示。

图 5-58 选择 Base64 编码加密

也可以选择 Base64 编码解密，如图 5-59 所示。

图 5-59 选择 Base64 编码解密

其他的加密算法如 3DES、AES、MD5、SHA1、Base64，加解密过程与 DES 类似，这里就不一一赘述了。

5.6.2 Rsa-Tool 2

RSA-Tool2 是一款支持 rsa 加密的算法工具，界面如图 5-60，图 5-61 所示：

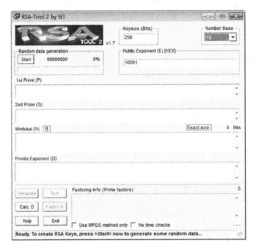

图 5-60 RSA-Tool2

密钥长度(sizes)选择为1024或者其他数字，一般加密密钥选 n 为 1024。

图 5-61 密钥长度

数制，也就是选择数字的进制，例如 10 进制、16 进制，如图 5-62 所示。

图 5-62 进制

选择公钥 e，如图 5-63 所示。

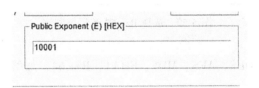

图 5-63 公钥 e

随机生成 p、q，如图 5-64 所示。

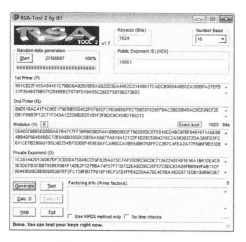

图 5-64 随机生成 p、q

加密测试，图 5-65 所示。

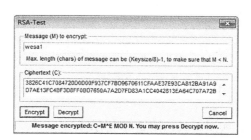

图 5-65 加密测试

如果没有随机生成 p、q，可以通过自己输入 p、q 然后计算出 d，图 5-66 所示。

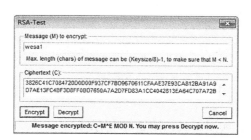

图 5-66 输入 p、q

5.6.3 Hash calculation

Hash calculation 包括了常见 hash 函数比如 MD4、MD5、SHA1，用于产生摘要实现加密解密的功能，如图 5-67 所示。

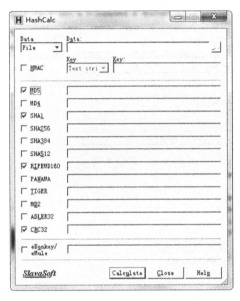

图 5-67 Hash calculation

hash 函数处理字符串，如图 5-68、图 5-69 所示。

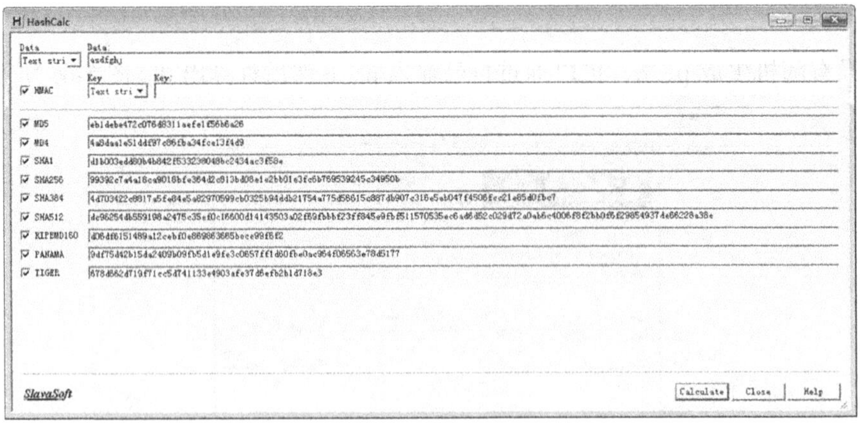

图 5-68 hash 函数处理字符串

hash 函数处理文本（图 5-70），处理信息图 5-71、图 5-72、图 5-73。

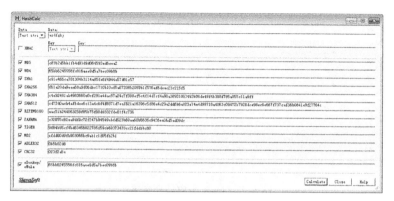

图 5-69 hash 函数处理字符串

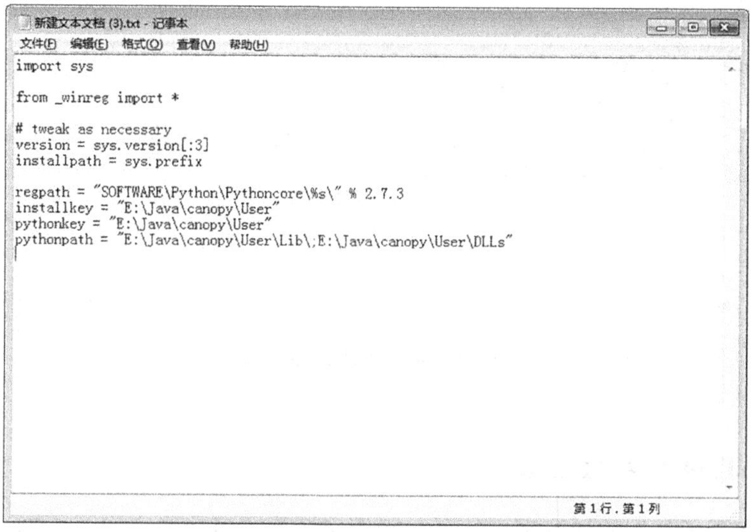

```
import sys

from _winreg import *

# tweak as necessary
version = sys.version[:3]
installpath = sys.prefix

regpath = "SOFTWARE\Python\Pythoncore\%s\" % 2.7.3
installkey = "E:\Java\canopy\User"
pythonkey = "E:\Java\canopy\User"
pythonpath = "E:\Java\canopy\User\Lib\;E:\Java\canopy\User\DLLs"
```

图 5-70 文本信息

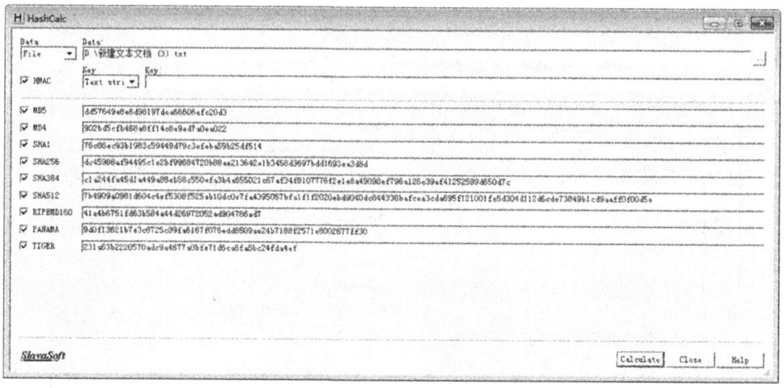

图 5-71 hash 函数处理文本

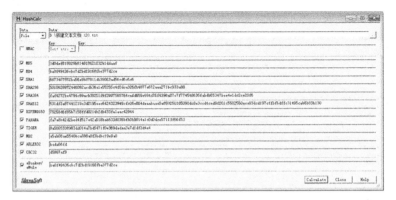

图 5-72 hash 函数处理文本

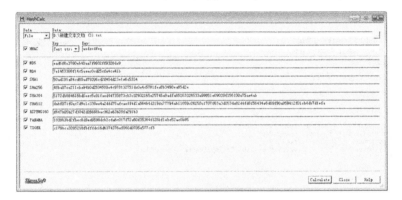

图 5-73 hash 函数处理文本

5.6.4 CrypTool 1.4.31 beta

CrypTool 实现了数据的加解密，签名，密钥交换等诸多功能，如图 5-74、图 5-75、图 5-76、图 5-77 所示。

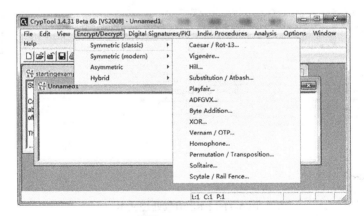

图 5-74 CrypTool

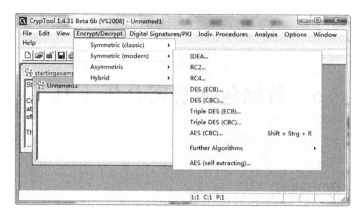

图 5-75　加解密

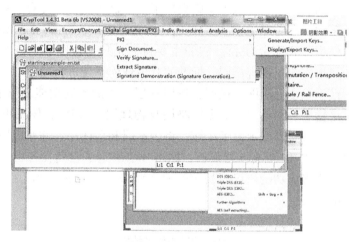

图 5-76　数字签名

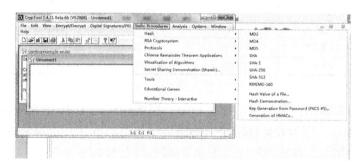

图 5-77　其他

6　数据包加解密分析工具

6.1　TCP/IP 体系结构

　　为了使不同体系结构的计算机网络都能进行互连，国际标准化组织 ISO 于 1977 年成立了专门机构研究该问题。不久，该组织就提出了一个试图使各种计算机在世界范围内都能互连成网的标准框架，即著名的 OSI/RM（Open Systems Interconnection Reference Model，开放系统互连参考模型，简称为 OSI）。它的主要目标是只要遵循 OSI 标准，一个系统就可以和位于世界任何地方的、也遵循同一标准的其他任何系统进行通信。

　　开放系统互连模型是个七层网络模型，按照各层实现的不同功能划分七层：应用层、表示层、会话层、传输层、网络层、数据链路层及物理层。TCP/IP 体系也遵循这样一个七层标准，只不过它在 OSI 模型上做了压缩，将表示层和会话层合并在应用层中，所以实际上和我们打交道的 TCP/IP 只有 5 层而已，网络分层决定了它们在各层的分布以及要实现的功能。现实中有许多成功的协议都是基于 OSI 模型的。表 6-1 列出了 TCP/IP 的网络体系结构各层常见的协议。

表 6-1　　　　　　　　　　　　　　TCP/IP 的网络体系结构

应用层	SMTP	DNS	HTTP	FTP	TELNET
传输层	TCP	UDP	SPX	NetBIOS	NetBEUI
网络层	IP	ICMP	IGMP	ARP	RARP
数据链路层	以太网	帧中继	ATM	点对点协议	HDLC
物理层	网卡	电缆	双绞线	光纤	

　　从表中我们可以看出，第一层物理层和第二层链路层是 TCP/IP 的基础，但是 TCP/IP 本身并不关心底层，因为数据链路层上的网络设备驱动程序把上层协议和实际的物理接口进行了隔离。网络设备驱动程序位于介质访问子层（MAC）。

6.2　数据包

　　数据包的构造有点像洋葱，它是由各层连接的协议组成的。在每一层，包都由包头与包体两部分组成。在包头中存放与这一层相关的协议信息，在包体中存放包在这一层的数据信息。这些数据也包含了上层的全部信息。在每一层上对包的处理将从上层获取的全部信息作为包体，然后依本层的协议再加上包头。这种对包的层次性操作(每一层均加上一个包头)一般称为封装。

在应用层，包头含有需被传送的数据。当构成下一层(传输层)的包时，传输控制协议(TCP)或用户数据报协议(UDP)从应用层将数据全部取来，然后再加装上本层的包头。当构筑再下一层(网间网层)的包时，IP 协议将上层的包头与包体全部当做本层的包体，然后再加装上本层的包头。在构筑最后一层(网络接口层)的包时，以太网或其他网络协议将 IP 层的整个包作为包体，再加上本层的包头，在数据包过滤系统看来，包的最重要信息是各层依次加上的包头。

6.3 常见的 sniff

嗅探器 sniff 有硬件和软件两种实现方式。硬件网络嗅探器灵活性差、高性能但价格昂贵。软件网络嗅探器具有实现方便、布置灵活、成本低的优势。软件版本需要平台支持，比较常见的 Linux 系统下的 tcpdump，hp-ux 系统平台下的 nfswatch 以及 windows 系统平台下的 lpman、FoxSniffe、Wireshark 等，以上都是免费软件可以在网上自由下载，也许不够专业无法完成特殊要求。比如 Wireshark 你可以用它检查资讯安全相关问题，也可以为新的通讯协定除错，作为学生你可以用它学习网络协定的相关知识。但它不是入侵侦测软件，不会对网络上的异常流量行为进行提示或者报警。

6.3.1 Sniffer

Sniffer 软件是 NAI 公司推出的功能强大的协议分析软件。SnifferPro 网络分析器具有强大的功能和特征，它能够解决网络问题。与 Netxray 比较，Sniffer 支持的协议更丰富，例如 PPPOE 协议等在 Netxray 并不支持，在 Sniffer 上能够进行快速解码分析。Netxray 不能在 Windows2000 和 WindowsXP 上正常运行，SnifferPro4.6 可以在各种 Windows 平台上运行。Sniffer 软件比较大，运行时需要的计算机内存比较大，否则运行比较慢，这也是它与 Netxray 相比的一个缺点。

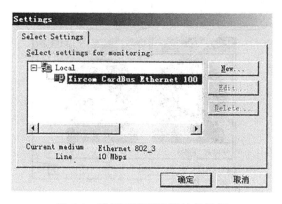

图 6-1 选择网络适配器接收数据

下面列出了 Sniffer 软件的一些功能介绍，其功能的详细介绍可以参考 Sniffer 的在线帮助。捕获网络流量进行详细分析；利用专家分析系统诊断问题；实时监控网络活动；收集网络利用率和错误等。在进行流量捕获之前，首先选择网络适配器，确定从计算机的哪个网络适配器上接收数据，如图 6-1 所示位置：File—select settings。

图 6-2 为在软件中快捷键的位置。

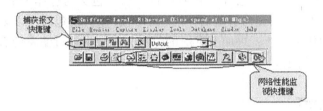

图 6-2　Sniffer 软件中快捷键

报文捕获功能可以在报文捕获面板中进行完成，如图 6-3 是捕获面板的功能图，图中显示的是处于开始状态的面板。

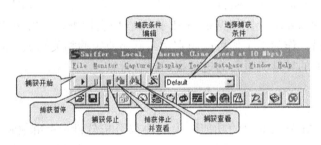

图 6-3　捕获面板

在捕获过程中可以通过查看下面面板，查看捕获报文的数量和缓冲区的利用率，如图 6-4 所示。

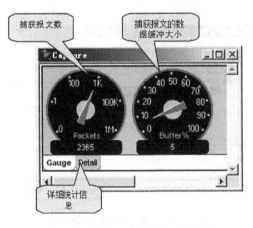

图 6-4　捕获过程中的报文统计

Sniffer 软件提供了强大的分析能力和解码功能。如图 6-5 所示，对于捕获的报文提供了一个 Expert 专家分析系统进行分析，还有解码选项及图形和表格的统计信息。

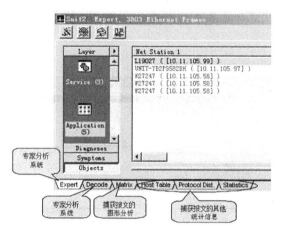

图 6-5　捕获报文查看

1. 专家分析

专家分析系统提供了一个分析平台，对网络上的流量进行了一些分析，对于分析出的诊断结果可以查看在线帮助获得。如图 6-6 显示出在网络中 WINS 查询失败的次数及 TCP 重传的次数统计等内容，可以方便了解网络中高层协议出现故障的可能点。对于某项统计分析，可以通过用鼠标双击此条记录，可以查看详细统计信息，且对于每一项都可以通过查看帮助来了解其产生的原因。

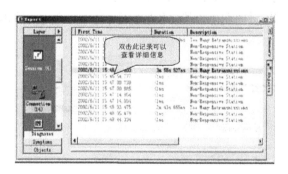

图 6-6　专家分析

2. 解码分析

图 6-7 是对捕获报文进行解码的显示，通常分为三部分，目前大部分此类软件结构都采用这种结构显示。对于解码主要要求分析人员对协议比较熟悉，这样才能看懂解析出来

的报文。使用该软件是很简单的事情，要能够利用软件解码分析来解决问题，关键是要对各种层次的协议了解的比较透彻。工具软件只是提供一个辅助的手段。因涉及的内容太多，这里不对协议进行过多讲解，请参阅其他相关资料。对于 MAC 地址，Snffier 软件进行了头部的替换，如 00e0fc 开头的就替换成 Huawei，这样有利于了解网络上各种相关设备的制造厂商信息。

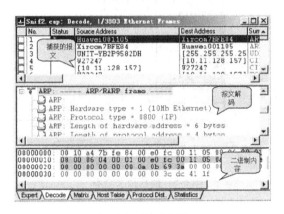

图 6-7　解码分析

3. 设置捕获条件

基本捕获条件有两种：

（1）链路层捕获，按源 MAC 和目的 MAC 地址进行捕获，输入方式为十六进制连续输入，如 00E0FC123456。

（2）IP 层捕获，按源 IP 和目的 IP 进行捕获。输入方式为点间隔方式，如 10.107.1.1。如果选择 IP 层捕获条件则 ARP 等报文将被过滤掉，如图 6-8 所示。

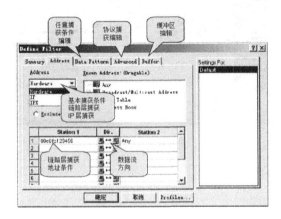

图 6-8　设置捕获条件

4. 高级捕获条件

在"Advance"页面下，你可以编辑你的协议捕获条件，如图 6-9 所示。

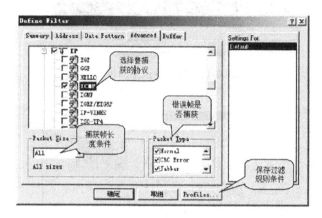

图 6-9 设置高级捕获条件

5. 任意捕获条件

在 Data Pattern 下，你可以编辑任意捕获条件，如图 6-10 所示。

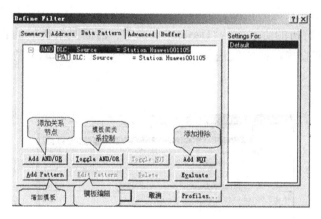

图 6-10 设置任意捕获条件

6. 报文放送

Sniffer 软件报文发送功能就比较弱，图 6-11 是发送的主面板图。

发送前，你需要先编辑报文发送的内容。点击发送报文编辑按钮。可得到如图 6-12 所示的报文编辑窗口：

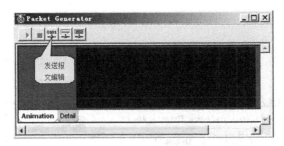

图 6-11　报文发送主面板

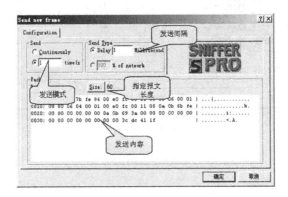

图 6-12　编辑报文发送面板

　　首先要指定数据帧发送的长度，然后从链路层开始，一个一个将报文填充完成。如果是 NetXray 支持可以解析的协议，从"Decode"页面中，可看见解析后的直观表示。

　　将捕获到的报文直接转换成发送报文，然后修改即可。图 6-13 是一个捕获报文后的报文查看窗口：

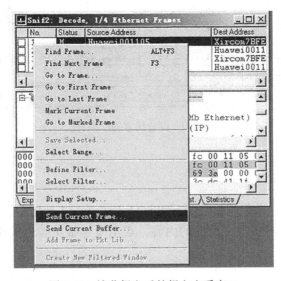

图 6-13　捕获报文后的报文查看窗口

选中某个捕获的报文，用鼠标右键激活菜单，选择"Send Current Packet"，这时你就会发现，该报文的内容已经被原封不动地送到"发送编辑窗口"中了。这时，你再修修改改，就比你全部填充报文省事多了。

发送模式有两种：连续发送和定量发送。可以设置发送间隔，如果为 0，则以最快的速度进行发送。

7. 网络监视功能

Dashbord 可以监控网络的利用率，流量及错误报文等内容。通过应用软件可以清楚看到此功能，如图 6-14 和图 6-15 所示。

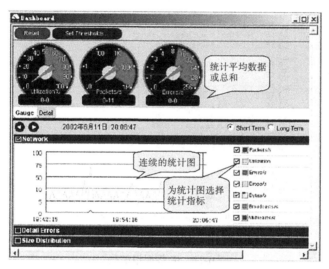

图 6-14　网络监视功能

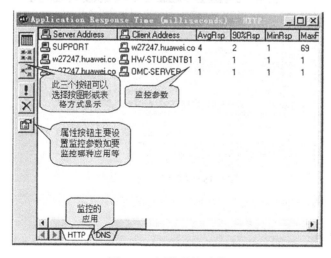

图 6-15　网络监视功能

8. 数据报文解码详解

如图 6-16，图 6-17 和图 6-18，图 6-19 所示。

```
⊞ 🖳 DLC: Ethertype=0800, size=229 bytes
⊞ 🔻 IP:  D=[10.65.64.255] S=[10.65.64.140] LEN=195 ID=4372
⊞ 📭 UDP: D=138 S=138  LEN=195
⊞ 🔩 NETB: D=XXYC<1E> S=CWK2  Datagram, 105 bytes (of 173)
⊞ 🔩 CIFS/SMB: C Transaction
⊞ 🔩 SMBMSP: Write mail slot \MAILSLOT\BROWSE
⊞ 🔩 BROWSER: Election Force
```

图 6-16　数据报文解码功能

```
⊟ 🔻 IP: ----- IP Header -----
    📄 IP:
    📄 IP: Version = 4, header length = 20 bytes
    📄 IP: Type of service = 00
    📄 IP:       000. ....  = routine
    📄 IP:       ...0 ....  = normal delay
    📄 IP:       .... 0...  = normal throughput
    📄 IP:       .... .0..  = normal reliability
    📄 IP:       .... ..0.  = ECT bit - transport protocol
    📄 IP:       .... ...0  = CE bit - no congestion
    📄 IP: Total length    = 166 bytes
    📄 IP: Identification  = 32897
    📄 IP: Flags           = 0X
    📄 IP:       .0.. ....  = may fragment
    📄 IP:       ..0. ....  = last fragment
    📄 IP: Fragment offset = 0 bytes
    📄 IP: Time to live    = 64 seconds/hops
    📄 IP: Protocol        = 17 (UDP)
    📄 IP: Header checksum = 7A58 (correct)
    📄 IP: Source address      = [172.16.19.1]
    📄 IP: Destination address = [172.16.20.76]
    📄 IP: No options
    📄 IP:
```

图 6-17　IP 数据报解码

```
☑ DLC:  Frame 16 arrived at  14:24:09.9803; frame
  📄 DLC:  Destination  = Station Xircom7BFE84
  📄 DLC:  Source       = Station Huawei001105
  📄 DLC:  Ethertype    = 0806 (ARP)
  📄 DLC:
⊟ 🔻 ARP: ----- ARP/RARP frame -----
  📄 ARP:
  📄 ARP: Hardware type = 1 (10Mb Ethernet)
  📄 ARP: Protocol type = 0800 (IP)
  📄 ARP: Length of hardware address = 6 bytes
  📄 ARP: Length of protocol address = 4 bytes
  📄 ARP: Opcode 1 (ARP request)
  📄 ARP: Sender's hardware address = 00E0FC001105
  📄 ARP: Sender's protocol address = [10.11.107.254]
  📄 ARP: Target hardware address = 000000000000
  📄 ARP: Target protocol address = [10.11.104.159]
```

图 6-18　ARP 数据报解码

6.3.2　Wireshark

Wireshark 是网络包分析工具。网络包分析工具的主要作用是尝试捕获网络包，并尝

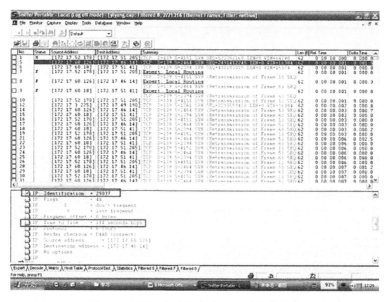

图 6-19　跟踪查看某个地址的重传数据包

试显示包的尽可能详细的情况。你可以把网络包分析工具当成是一种用来测量有什么东西从网线上进出的测量工具，就好像是电工用来测量进入电信的电量的电度表一样。过去的此类工具要么是过于昂贵，要么是属于某人私有，或者是二者兼顾。Wireshark 出现以后，这种现状得以改变。Wireshark 可能算得上是今天能使用的最好的开元网络分析软件。

　　主窗口，如图 6-20 所示。

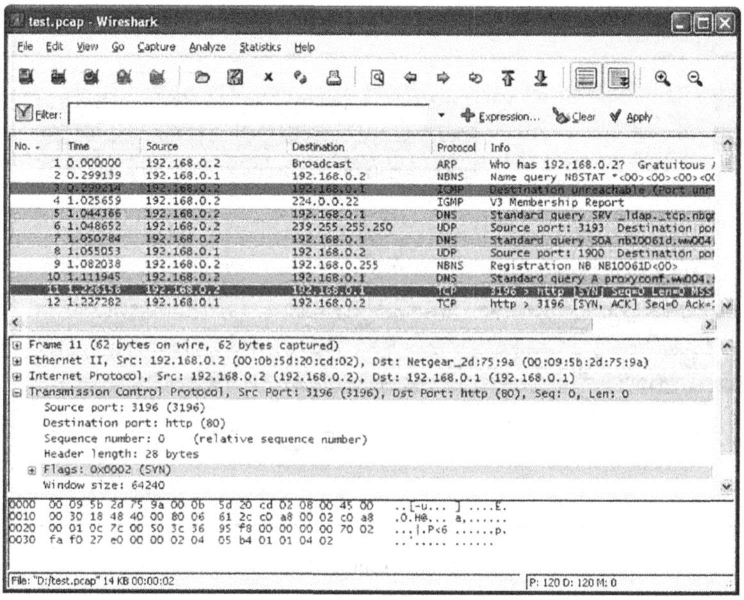

图 6-20　主窗口界面

File 菜单介绍，图 6-21 所示。

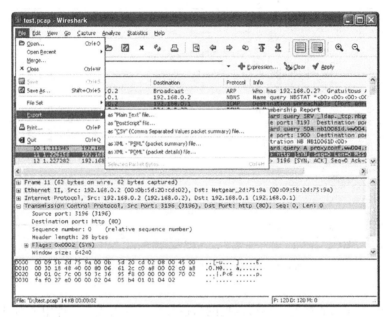

图 6-21　File 菜单介绍

Edit 菜单项，图 6-22 所示。

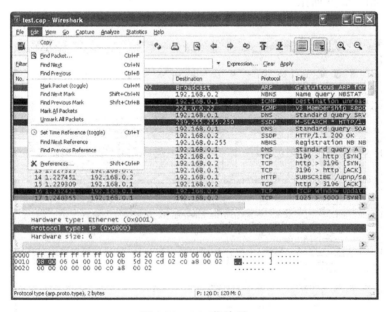

图 6-22　Edit 菜单项

"View"菜单项，如图 6-23 所示。

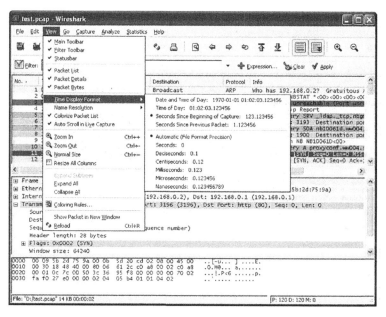

图 6-23 "View"菜单项

"Go"菜单项，如图 6-24 所示。

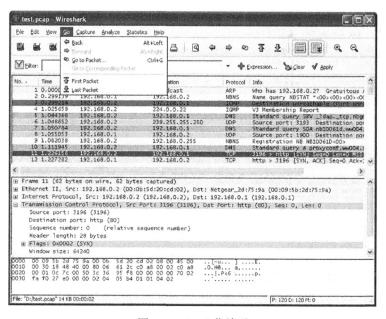

图 6-24 "Go"菜单项

"Capture"菜单项，如图 6-25 所示。

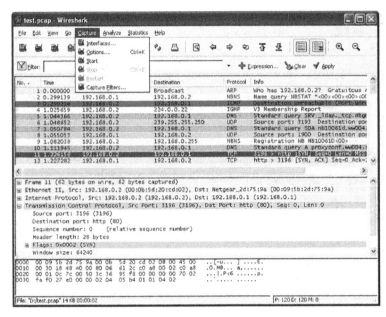

图 6-25　"Capture"菜单项

"analyze"菜单项，图 6-26 所示。

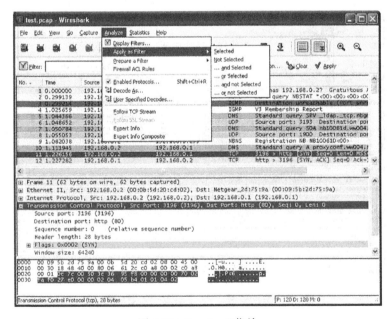

图 6-26　"analyze"菜单

"Statistics"菜单，图 6-27 所示。

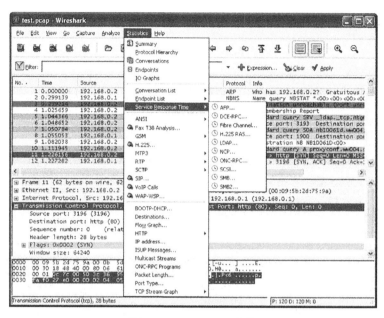

图 6-27 "Statistics"菜单

"Help"菜单，图 6-28 所示。

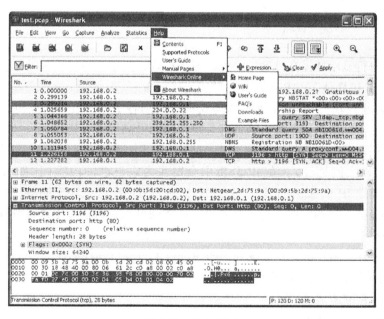

图 6-28 Help 菜单

"Main"工具栏：主工具栏提供了快速访问常见项目的功能，如图 6-29 所示。

图 6-29 "Main"工具栏

"Filter"工具栏，过滤工具栏用于编辑或显示过滤器，图 6-30 所示。

图 6-30 过滤工具栏

"Packet list/包列表"面板，图 6-31 所示。

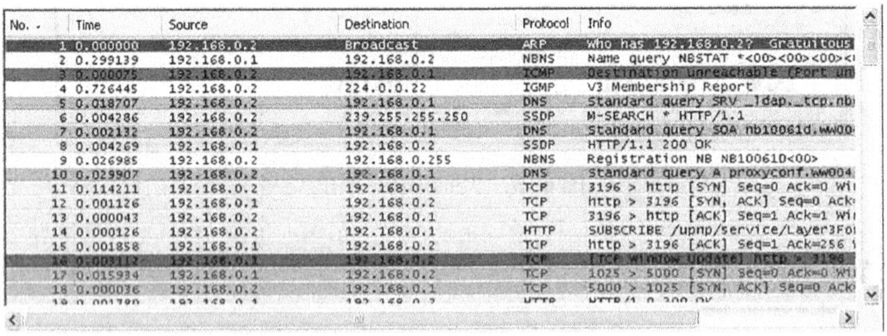

图 6-31 "Packet list/包列表"面板

列表中的每行显示捕捉文件的一个包。如果您选择其中一行，该包的更多情况会显示在"Packet Detail/包详情"，"Packet Byte/包字节"面板。

在分析(解剖)包时，Wireshark 会将协议信息放到各个列。因为高层协议通常会覆盖底层协议，您通常在包列表面板看到的都是每个包的最高层协议描述。

例如让我们看看一个包括 TCP 包、IP 包和一个以太网包。在以太网(链路层)包中解析的数据(比如以太网地址)，在 IP 分析中会覆盖为它自己的内容(比如 IP 地址)，在TCP 分析中会覆盖 IP 信息。

包列表面板有很多列可供选择，需要显示哪些列可以在首选项中进行设置。

默认的列如下：

No. 包的编号，编号不会发生改变，即使进行了过滤也同样如此。

Time 包的时间戳，包时间戳的格式可以自行设置。

Source 显示包的源地址。

Destination 显示包的目标地址。

Protocal 显示包的协议类型的简写。

Info 包内容的附加信息。

右击包，可以显示对包进行相关操作的上下文菜单。

"Packet Details"面板，图 6-32 所示。"Packet Details/包详情"面板显示当前包（在包列表面板被选中的包）的详情列表。

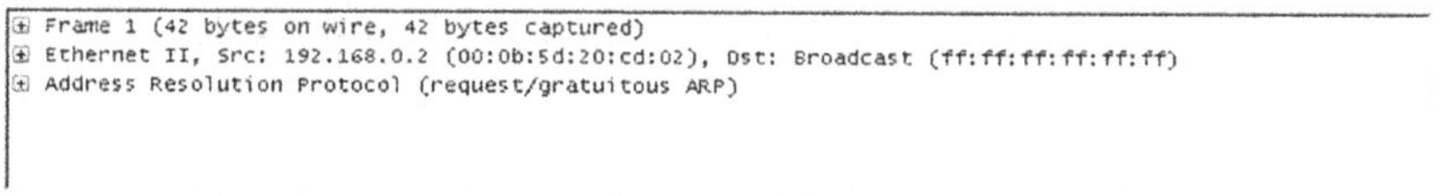

图 6-32 "Packet Details/包详情"面板

该面板显示包列表面板选中包的协议及协议字段，协议及字段以树状方式组织。你可以展开或折叠它们。右击它们会获得相关的上下文菜单，某些协议字段会以特殊方式显示。

Generated fields/衍生字段：Wireshark 会将自己生成附加协议字段加上括号。衍生字段是通过该包的相关的其他包结合生成的。例如 Wireshark 在对 TCP 流应答序列进行分析时，将会在 TCP 协议中添加[SEQ/ACK analysis]字段。

Links/链接：如果 Wireshark 检测到当前包与其他包的关系，将会产生一个到其他包的链接。链接字段显示为蓝色字体，并加有下画线，双击它会跳转到对应的包。

"Packet Byte"面板，图 6-33 所示。Packet Byte/包字节，面板以 16 进制转储方式显示当前选择包的数据。

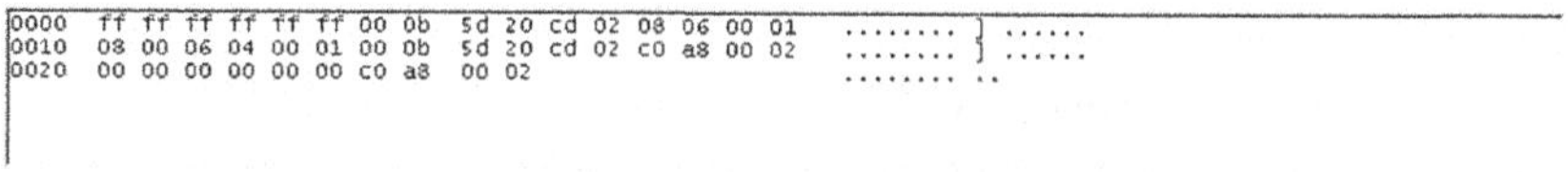

图 6-33 Packet Byte/包字节面板

通常在 16 进制转储形式中，左侧显示包数据偏移量，中间栏以 16 进制表示，右侧显示为对应的 ASCII 字符。

根据包数据的不同，有时候包字节面板可能会有多个页面，例如有时候 Wireshark 会将多个分片重组为一个，这时会在面板底部出现一个附加按钮供你选择查看。

带选项的"Paket Bytes/包字节"面板，图 6-34 所示。

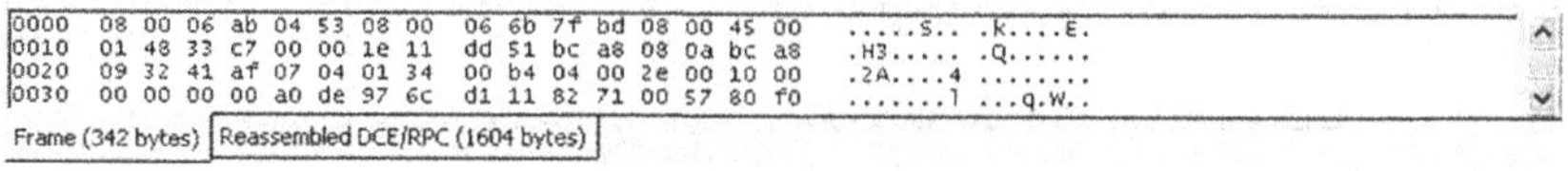

图 6-34 带选项的"Paket Bytes/包字节"面板

状态栏：状态栏用于显示信息，通常状态栏的左侧会显示相关上下文信息，右侧会显示当前包数目，如图 6-35 所示。

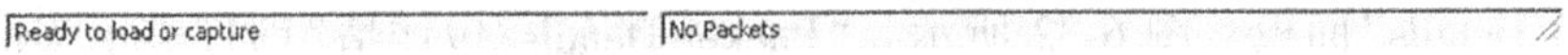

> Ready to load or capture | No Packets

图 6-35　初始状态栏

该状态栏显示的是没有文件载入时的状态，如刚启动 Wireshark 时，载入文件后的状态栏，如图 6-36 所示。

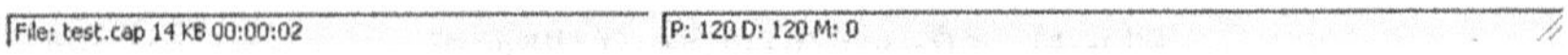

> File: test.cap 14 KB 00:00:02 | P: 120 D: 120 M: 0

图 6-36　载入文件后的状态栏

左侧显示当前捕捉文件信息，包括名称、大小、捕捉持续时间等。

右侧显示当前包在文件中的数量，会显示如下值。

P：捕捉包的数目

D：被显示的包的数目

M：被标记的包的数目

已选择协议字段的状态栏，如果你已经在"Packet Detail/包详情"面板选择了一个协议字段，将会显示下图 6-37 所展示的状态。

> Opcode (arp.opcode), 2 bytes | P: 120 D: 120 M: 0

图 6-37　已选择协议字段的状态栏

实时捕捉数据包"Capture Interfaces"捕捉接口对话框，如图 6-38 所示。

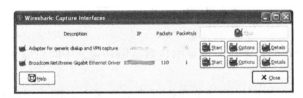

图 6-38　实时捕捉数据包"Capture Interfaces"捕捉接口对话框

描述：从操作系统获取的接口信息 IP，Wireshark 能解析的第一个 IP 地址，如果接口未获得 IP 地址（如不存在可用的 DHCP 服务器），将会显示"Unkow"，如果有超过一个 IP 的，只显示第一个（无法确定哪一个会显示）。

Packets 打开该窗口后，从此接口捕捉到的包的数目。如果一直没有接收到包，则会显示为灰度。

Packets/s 最近一秒捕捉到包的数目。如果最近一秒没有捕捉到包，将会是灰度显示。

Stop 停止当前运行的捕捉。

Capture 从选择的接口立即开始捕捉，使用最后一次捕捉的设置。

Options 打开该接口的捕捉选项对话框。

Details(仅 Win32 系统)打开对话框显示接口的详细信息。

Close 关闭对话框。

"Capture Option/捕捉选项"对话框，如图 6-39 所示。

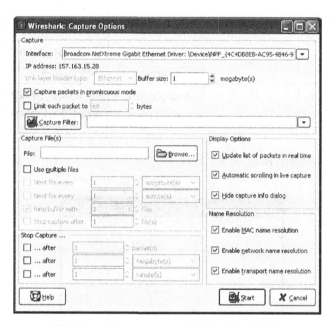

图 6-39 "Capture Option/捕捉选项"对话框，

捕捉帧

Interface：该字段指定你想用于进行捕捉的接口。一次只能使用一个接口。这是一个下拉列表，简单点击右侧的按钮，选择你想要使用的接口。默认第一是支持捕捉的 non-loopback(非环回)接口，如果没有这样的接口，第一个将是环回接口。在某些系统中，环回接口不支持捕捉包(windows 平台下的环回接口就不支持)，在命令行使用-i<interface>参数可以替代该选项。

IP address：表示选择接口的 IP 地址。如果系统未指定 IP 地址，将会显示为"unknown"。

Link-layer header type：除非你有些特殊应用，尽量保持此选项默认。

Buffer size：n megabyte(s) 输入用于捕捉的缓层大小。该选项是设置写入数据到磁盘前保留在核心缓存中捕捉数据的大小，如果你发现丢包，可以增大该值。

Capture packets in promiscuous mode：指定 Wireshark 捕捉包时，设置接口为杂收模式(混杂模式)。如果你未指定该选项，Wireshark 将只能捕捉进出你电脑的数据包，不能捕捉整个局域网段的包。

捕捉文件模式选项，如表 6-2 所示。

表 6-2　　　　　　　　　　　　　　　　　　捕捉文件模式选项

"File"选项	"Use multiple files"选项	"Ring buffer with n files"选项	Mode	最终文件命名方式
—	—	—	Single temporary file	etherXXXXXX（where XXXXXX 是一个独立值）
foo. cap	—	—	Single named file	foo. cap
foo. cap	x	—	Multiple files, continuous	foo_00001_20040205110102. cap，foo_00002_20040205110102. cap，…
foo. cap	x	x	Multiple files, ring buffer	foo_00001_20040205110102. cap，foo_00002_20040205110102. cap，…

捕捉信息对话框，如图 6-40 所示。

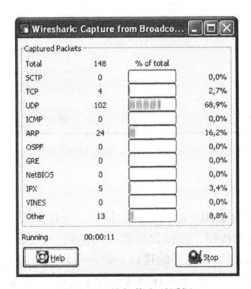

图 6-40　捕捉信息对话框

7 加密解密技术应用于应用层

7.1 电子邮件

本章讨论两个为电子邮件提供安全服务的协议：优秀密钥协议（PGP）和安全/多功能互联网邮件扩展协议（S/MIME）。理解这两个协议需要对电子邮件系统有大体的了解，我们首先讨论电子邮件的结构，然后阐明 PGP 和 S/MIME 是怎样把安全服务添加到结构上的，需要着重指出的是，为什么 PGP 和 S/MIME 不需要在小红和小明之间建立会话密钥，就可以交换加密算法、密钥和证书。下面，我们对电子邮件做一个大体的讨论。

7.1.1 电子邮件的构造

图 7-1 描述出了最普通的单向电子邮件交换的情景。假定小红正在一个运行电子邮件服务器的组织中工作，每一个雇员都通过一个 LAN 与电子邮件服务器相连。或者，小红可以选择通过 WAN（电话线或电缆线）与一个 ISP 的电子邮件服务器连接，小明也是选择上述两种方法之一与电子邮件服务器连接。

在小红这一方的电子邮件服务器管理员创建了一个排队系统，将电子邮件一个接一个地发送到互联网。小明这一方的电子邮件服务器管理员，为每一个和服务器相连的用户创建一个邮箱，邮箱保存收到的信息，直到这些信息被收件人回复。

当小红需要把一个信息发送给小明时，小红就调用用户代理（UA）程序来准备这个信息，然后调用另一个程序，即**信息传送代理**（MTA），来发送信息给她这一方的邮件服务器。注意，MTA 是一个客户/服务器程序，客户端安装在小红的计算机上，服务器端安装在邮件服务器上。

小红这一方的邮件服务器上接收到的信息，和所有别的信息排在一起，每一个信息都转到其相关的目的端。以小红为例，她的信息就转到了小明那一方的邮件服务器上。一个客户/服务器 MTA 负责两个服务器之间电子邮件的传送。当信息到达目的邮件服务器时就被储存在小明的邮箱中，小明的邮箱其实就是一个保存信息直到被小明恢复的特殊文件夹。

当小明需要恢复包括由小红发来的信息时，他就调用另一个程序，这个程序被称为**信息存取代理**（MAA）。MAA 也设计为客户/服务器程序，其客户端安装在小明的计算机上，服务器端安装在电子邮件服务器上。

有关电子邮件系统的构造有以下几个要点：

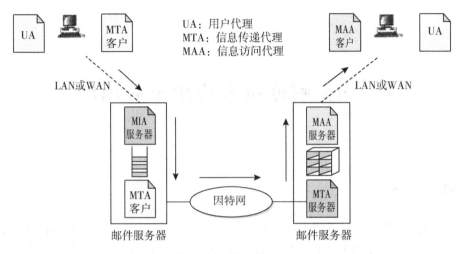

图 7-1 电子邮件构造

(1)一个电子邮件从小红发送到小明其实就是一个储存—恢复的过程。小红可以今天就发送一个电子邮件，如果小明忙，也许三天以后才查看他的邮件。在此期间，电子邮件被保存在小明的邮箱中，直到回复。

(2)小红和小明之间的通信主要通过两个应用程序：在小红计算机上的 MTA 客户端和在小明计算机上的 MAA 客户端。

(3)MTA 客户程序是一个推出程序，当小红需要发送信息的时候，客户端就把信息推出。MAA 客户程序是一个拉入程序，当小明准备恢复电子邮件时，客户端就拉入信息。

(4)小红和小明在发送端和接收端不能都用一个 MTA 客户端和一个 MTA 服务器端直接通信。因为信息到达时，小明并不知道，这就要求 MTA 服务器一直在运行。但这是不现实的，因为在小明不需要的时候，他会关闭计算机。

7.1.2 电子邮件的安全性

发送电子邮件是一个一次性的行为，这种行为的本质，与我们在后面两章中将要了解到的并不相同。在 IPSec 或 SSL 中，我们假定双方在他们之间创建了一个会话，并双向交换了数据。在电子邮件中没有会话，小红和小明不能创建会话。小红把一个信息发送给小明，一段时间后，小明读了这个信息，他可能发送一个回复，也可能不发送。因为小红发送给小明的信息完全独立于小明发送给小红的信息，所以我们就要讨论一下单向信息的安全性。

1. 加密算法

如果电子邮件是一个一次性行为，发送者和接收者怎样在使电子邮件更安全的加密算法上达成一致呢？如果没有会话也没有握手来谈判加密/解密和散列算法，接收者怎样才能知道发送者为此目的选的是哪一种算法呢？

一种解决办法就是基础协议为每一种加密操作选出一种算法，并且强制小红只能使用那种算法。这种解决方法限制性非常大，它限制了双方的能力。一个较好的解决方法是，基础协议为用户在他或她的系统中所使用的操作，确定一系列的算法。小红包含她用在电子邮件中的算法的名称(标识符)。例如，小红可以选择三重 DES，用作加密/解密，选择MD5 用作 hash 处理。当小红发送一个信息给小明，她就包含了信息中三重 DES 和 MD5的相关标识符。小明收到信息后，首先提取标识符，然后他就知道了用哪个算法来解密，哪个算法来做散列处理。

在电子邮件安全性上，信息的发送要包含信息所用算法的名称和标识符。

2. 加密的秘密

加密算法的相同问题也适用于需要加密的秘密文件(密钥)。如果事先没有商量，通信双方怎样才能在他们之间建立起秘密呢？

小红和小明可以用非对称密钥算法进行认证和加密，这种算法不要求建立对称密钥。不过像我们已经讨论过的那样，非对称密钥算法在对长信息的加密/解密中效率是非常低的。今天的大多数邮件安全性协议，要求加密/解密要运用对称密钥算法和与信息一起发送的一次性密钥来完成。小红可以创建一个密钥，并把它与发送给小明的信息一起发送出去。信息栏截者所拦截的信息当中的密钥，就是小明用公钥加密的密钥。换句话说，密钥本身被加密了。

在电子邮件安全中，加密/解密用对称密钥算法来完成，但是解密信息的密钥要用接收者的公钥加密并与信息一起发送。

3. 证书

在我们详细讨论电子邮件安全性协议之前，有几个问题要考虑。显然，为了实现电子邮件的安全性，必须要运用一些公钥算法。例如，我们需要加密一个密钥或在一个信息上签名。为了加密密钥，小红需要有小明的公钥来验证签了名的信息，小明也需要有小红的公钥。所以，为了发送一个小红认证过的密信，两个公钥都是需要的。小红怎样确认小明的公钥，小明又怎样确认小红的公钥呢？每个电子邮件安全协议都有不同的验证密钥的方法。

7.2 PGP

我们讨论的第一个协议称为优秀密钥协议(PGP)。PGP 是由 Philip Zimmermann 发明的，目的是给电子邮件提供保密性、完整性和验证。PGP 可以用来创建安全电子邮件信息，也可以安全地储存一个文件以备将来恢复。

7.2.1 情景

我们首先讨论一下 PGP 的一般概念，从简单情景到复杂情景。我们用"数据"这个词来表示信息或要处理的以前的文件。

7 加密解密技术应用于应用层

1. 明文

最简单的一种情景就是以明文形式发送电子邮件信息(或储存文件),如图7-2所示。在这种情景中,不存在信息的完整性和机密性。发送者小红创建一个信息并发送给接收者小明,信息储存在小明的邮箱中直到被他回复。

图7-2 明文信息

2. 信息完整性

也许下一个改进是让小红可以在信息上签名。小红创建一个信息摘要,并用她自己的私钥在摘要上签名。小明收到这个信息后,他就用小红的公钥验证信息。在这种情景中要有两个密钥:小红要知道她自己的私钥;小明要知道小红的公钥。图7-3所示,就是这种情况。

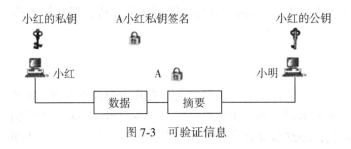

图7-3 可验证信息

3. 压缩

更进一步的改进就是要对信息和摘要进行压缩,使信息包更简洁。这种改进并不能使信息更安全,却使信息的传送更方便了。图7-4所示的就是这种情景。

4. 一次性会话密钥的机密性

像我们以前讨论过的那样,电子邮件系统的机密性,可以运用一次性会话密钥的传统加密来实现。小红可以创建一个会话密钥,再用这个会话密钥来加密信息和摘要,把密钥本身和信息一起发送出去。不过了保护会话密钥,小红要用小明的公钥对它加密。图7-5所示的就是这种情况。

小明收到信息包后,他首先对密钥解密,就是用他的私钥取消这个密钥。然后他再用会话密钥对其余的信息解密。其余的信息解密后,小明创建一个信息摘要,并查验是否和

118

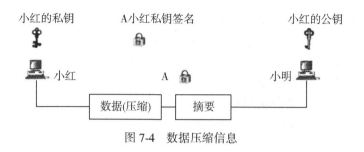

图 7-4　数据压缩信息

小红发来的摘要相同。如果相同，那么信息就是可信的。

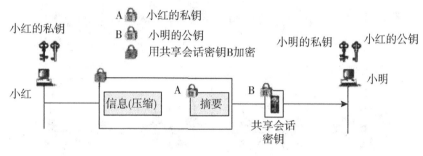

图 7-5　机密信息

5. 代码转换

PGP 提供的另一个服务就是代码转换。多数电子邮件系统只允许信息由 ASCII 字符组成。为了转换别的非 ASCII 字符，PGP 使用 Radix-64 进行转换。被发送的每一个字符(加密后)都要转换为 Radix-64 代码，这些将在后面几章中讨论。

6. 分割

信息转换成 Radix-64 代码后，PGP 允许信息的分割，使每一个传送单元的大小与基础电子邮件协议所允许的大小相符。

7.2.2　密钥环

在以前所有的情景中，我们都假定小红只需要给小明发送信息。事实并不总是这样。小红也许需要给许多人发送信息，这样她就要有一个密钥环。这种情况下，小红需要一个公钥的环，这个公钥属于小红和与她通信(发送或接收信息)的每一个人。此外，PGP 的设计者还列出了一个公钥/私钥的环。一个原因是，小红也许希望随时改变她的密钥对；另一个原因是，小红也许要与不同群中的人(朋友、同事等)通信。小红也希望对不同群中的人使用不同的密钥对。所以，每个用户要有两列环；一个私钥/公钥环和一个别人的公钥环。图 7-6 表示出了包含四个人的一个人群，每一个人有一个公钥/私钥对的环，同时，公钥环属于人群中别的人。

例如，小红有几个私钥/公钥对是属于她自己的，有几个公钥是属于别人的。注意，每人可以具有多于一个的公钥。两种情况都有可能出现。

（1）小红需要给人群中的另外一个人发送一个信息。

a. 她用她自己的密钥在摘要上签名。

b. 她用接收者的公钥加密新创建的会话密钥。

c. 她用创建的会话密钥加密信息并在摘要上签名。

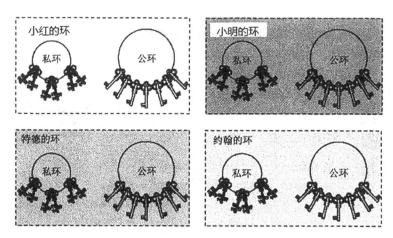

图 7-6 PGP 中的密钥环

（2）小红收到人群当中另外一个人的信息。

a. 她用自己的私钥解密这个会话密钥。

b. 她用会话密钥解密信息和摘要。

c. 她用她的公钥确认摘要。

1. PGP 算法

公钥算法 表 7-1 所列的公钥算法，用来在摘要上签名和加密信息。

表 7-1 公 钥 算 法

ID	描　　述
1	RSA（加密或签名）
2	RSA（只加密）
3	RSA（只签名）
16	ElGamal（只加密）
17	DSS
18	为椭圆曲线保留

ID	描　述
19	为 ECDSA 保留
20	ElGamal（为加密或签名）
21	为 Diffie-Hellman 保留
100~110	私密算法

对称密钥算法　用于传统加密的对称密钥算法如表 7-2 所示。

表 7-2 　　　　　　　　　　　　**对称密钥算法**

ID	描　述
0	不加密
1	IDEA
2	三重 DES
3	CAST-128
4	Blowfish
5	SAFER-SK128
6	为 DES/SK 保留
7	为 AES-128 保留
8	为 AES-192
9	为 AES-256 保留
100~110	私密算法

Hash 算法　用于在 PGP 中创建散列的散列算法如表 7-3 所示。

表 7-3 　　　　　　　　　　　　**散 列 算 法**

ID	描　述
1	MD5
2	SHA-1
3	RIPE-MD/106
4	为双重宽度的 SHA 保留
5	MD2
6	TIGER/192
7	为 HAVAL 保留
100~110	保密算法

压缩算法 用来压缩文本的压缩算法如表 7-4 所示。

表 7-4 压 缩 算 法

ID	描　述
0	不压缩
1	ZIP
2	ZLIP
100~110	私密方法

7.2.3 PGP 证书

PGP 和我们目前已了解到的其他协议一样，使用证书验证公钥。不过过程完全不同。

1. X.509 证书

使用 X.509 证书的协议依赖于信任的分级结构。这里有一个预先确定的从根到任意证书的信任链。每一个用户在根这一层上完全相信 CA 的权威（必备条件）。在第二层上根给 CA 发行证书，第二层的 CA 为第三层发行证书等等。需要被信任的每一方都要提供一个来自树型结构中某个 CA 的证书。如果小红不信任小明提供的证书，她可以向树型结构的上一层权威请求（这是系统所信任的）。也就是说，从一个值得完全依赖的 CA 到一个证书只有一条路径。

在 X.509 中，从完全信任权威到证书只有一条路径。

2. PGP 证书

对 PGP 来说，并不需要 CA，环中的任何人都可以为环中的其他人的证书签名。小明可以为特德、安妮、约翰等的证书签名。在 PGP 中，信任是不分级的，也没有树型结构。分级结构的缺乏也许会导致这样的事实：特德可能有一个来自小明的证书，和另一个来自里兹的证书。如果小红想跟随在特德的证书之后，则有两条路径：一条从小明开始，一条从里兹开始，有趣的是，小红可能完全信任小明但只是部分信任里兹。从一个完全或部分信任的权威到证书也许会有多条路径。在 PGP 中，证书的发行者通常称为介绍人。

在 PGP 中，从完全或部分信任权威到别的目标有多条路径。

3. 信任和合法性

PGP 的全部操作都基于对介绍人的信任、对证书的信任和公钥的合法性。

介绍人信任级别 由于中心权威的缺乏，显然，如果 PGP 环中的每一个用户对其他用户完全信任，环就不能非常大。（即使在现实生活中，我们也不能完全信任我们认识的每一个人。）为了解决这个问题，PGP 允许有不同级别的信任。级别的高低通常依赖于执行，但是，为了简洁，我们把信任的三个级别分配给任意一个介绍人：不信任、部分信任、完全信任。介绍人信任级别确定由介绍人发布的对环里别的人的信任级别。例如，小红也许完全信任小明，部分信任安妮，完全不信任约翰。在 PGP 中，对如何确定介绍人的确实性，还没有一个能够做出决定的机制，不过用户有能力做这个决定。

证书信任级别 当小红收到一个来自介绍人的证书时，她就把这个证书储存在目标的名字下(鉴定过的实体)。她分配一个信任级别给这个证书。证书信任级别通常和发行证书的介绍人的信任级别是相同的。假定小红完全信任小明，部分信任安妮和简尼特，不信任约翰，下面的情景就可以发生。

(1)小明发行两个证书，一个给林达(带有公钥 K1)，一个给莱斯利(带有公钥 K2)。小红把林达的公钥和证书储存在林达的名字下，并且给这个证书分配一个完全信任级别。小红也把莱斯利的证书和公钥储存在莱斯利的名字下，也给这个证书分配一个完全信任级别。

(2)安妮给约翰(带有公钥 K3)发行一个证书。小红把这个公钥和证书储存在约翰的名字下，但是，只给这个证书分配一个部分信任级别。

(3)简尼特发行两个证书，一个给约翰(带有公钥 K3)，一个给李(带有公钥 K4)。小红把约翰和李的证书分别储存在他们自己的名字下，并给每个证书分配一个部分信任级别。注意，现在约翰有两个证书，一个来自安妮一个来自简尼特，每个都是部分信任级别的。

(4)约翰给利兹发一个证书。小红可以丢弃这个证书，也可以加上一个不信任的签名再保存起来。

密钥合法性 运用介绍人和证书信任的目的是确定公钥的合法性。小红需要知道小明、利兹、安妮等的公钥是不是合法。PGP 定出了一个非常清楚的确定密钥合法性的程序。用户密钥合法性的级别是用户加了权重的信任级别。例如，假设我们给证书信任级别分配下列权重：

(1)一个 0 的权重给一个不信任的证书

(2)一个 1/2 的权重给一个部分信任的证书

(3)一个 1 的权重给一个完全信任的证书

那么要完全信任一个实体，小红就要有这个实体的一个完全信任证书，或两个部分信任证书。例如，在前面的情景中小红可以使用约翰的公钥，因为安妮和简尼特已经给约翰发了证书，每个证书都是 1/2 信任级别的。注意，属于一个实体的公钥的合法性和某人的信任级别没有任何联系。虽然小明可以用约翰的公钥给他发送一个信息，但是因为对小红来说，约翰的信任级别是不信任，小红不能接收小明发行的任何证书。

4. 环的开始

通过以上讨论你可能已经意识到一个问题：如果任何人都不给一个完全信任或者部分信任的实体发送证书，会怎么样呢？例如，如果没有一个人给小明发送证书，怎样才能确定小明公钥的合法性呢？在 PGP 中，信任或部分信任实体的公钥的合法性地可以通过别的方法确定。

(1)小红可以用人工的方法得到小明的公钥。例如，小红和小明私下见面，并交换写在纸片或磁盘上的公钥。

（2）如果小红可以听出小明的声音，小红就可以给小明打电话，从电话里得到小明的公钥。

（3）PGP 提出一个较好的解决办法，就是让小明通过电子邮件把他的公钥发送给小红。小明和小红都从密钥中制作了一个 16 字节的 MD5（或 20 字节的 SHA-1）摘要。摘要通常显示为十六进制数的 8 组 4 位数（或 10 组 4 位数），并称为指纹。然后小红可以打电话给小明来验证这个指纹。如果密钥在电子邮件传送过程中已经被改变或更换，两个指纹就不匹配。为了使这个过程更方便，PGP 创建了一个词语表，每个词代表一个 4 位数的组合。当小红给小明打电话时，小明可以发出 8 个词（或 10 个）的音。为了避免那些发音相近的词，这些词都是经过 PGP 仔细选择的。例如，如果表中有 sword，就不能有 word。

（4）在 PGP 中，任何事情都不能阻止小红在一个单独的过程中，从 CA 获得小明的公钥。然后她就把获得的公钥插入到公钥环中。

5. 密钥环表

每个用户如小红都要保存两个密钥环的轨道：一个私钥环和一个公钥环。PGP 以表格的形式为每一个密钥环定义一个结构。

私钥环表　图 7-7 所示，就是私钥环表的格式。

用户 ID	密钥 ID	公钥	加密的私钥	时间戳
⋮	⋮	⋮	⋮	⋮

私密环

图 7-7　私钥环表的格式

用户 ID　用户 ID 通常就是用户电子邮件的地址。不过，用户也许会为每个密钥对指定一个唯一的电子邮件地址，或别名。这个表列出了与每一个密钥对有关的用户 ID。

密钥 ID　这一列只确定用户公钥当中的一个公钥。在 PGP 中，每一个对的密钥 ID 是公钥的第一个（最不重要的）64 位。也就是说，密钥 ID 按 keymod264 计算。因为小明在他的公钥环中，也许有几个属于小红的公钥，所以在 PGP 的操作中需要有密钥 ID。如小明收到一个小红的信息，他必须要知道，用哪一个密钥 ID 来验证信息。与信息一起发送的密钥 ID，就像我们马上要了解到的那样，可以使小明使用一个他公钥环中的小红的特殊公钥。你可能要问，为什么不把整个的公钥都发送出去。答案就是在公钥加密中，公钥的长度也许是非常长的。只发送 8bit 就把信息的大小缩小了。

公钥　这一列只列出了属于特殊私钥/公钥对的公钥。

加密的私钥　这一列表示在公钥/私钥对中加密私钥的值。虽然小红是唯一的访问她自己私钥环的人，PGP 只是保存了私钥的加密版。以后我们会了解私钥是如何进行加密和解密的。

时间戳 这一列保存了创建密钥对的时间和日期。它可以帮助用户决定什么时候清洗旧的密钥对，什么时候创建新的密钥对。

例 7.1

现在我们来看小红的一个私钥环表。假定小红只有两个用户 ID, alice@ some. com 和 alice@ anet. net。也假定小红有两副公钥/私钥，每一副都对应一个用户 ID。表 7-5 所示，就是小红的公钥环表。

表 7-5   例 7.1 中的私钥环

用户 ID	密钥 ID	公　钥	加密的私钥	时间数
alice@ anet. net	AB13... 45	AB13... 45... 59	32452398... 23	031505-16：23
alice@ some. com	FA23... 12	FA23... 12... 22	564A4923... 23	031504-08：11

注意，虽然密钥 ID、公钥和私钥的值都显示为十六进制，时间戳的格式是 ddmmyy-time，但这些格式只是为了方便表述，实际操作中的格式也许会不同。

公钥环表 如图 7-8 所示，就是公钥环表的格式。

用户ID	密钥ID	公钥	生产者信任	证书	证书信任	密钥合法性	时间戳
⋮	⋮	⋮	⋮	⋮	⋮	⋮	⋮

公钥环

图 7-8 公钥环表的格式

用户 ID 就像私钥环表一样，用户 ID 通常是实体的电子邮件地址。

密钥 ID 就像私钥环表一样，密钥 ID 是公钥的第一个(最不重要的)64 位。

公钥 这是实体的公钥。

生产者信任 这个列确定生产者的信任级别。在多数执行过程中，这个信任级别只有三个值：不信任、部分信任、或完全信任。

证书 这个列保存证书或别的实体为该实体签过名的证书。一个用户 ID 也许具有多于一个的证书。

证书信任 这个列描述证书信任或信任。如果安妮给约翰发送一个证书，PGP 就搜索安妮那个行中的条目，找出安妮的生产者信任值，复制这个值，并把它插入到约翰那个条目的证书信任域内。

密钥合法性 这个值是由 PGP 基于证书信任值和预先为每个证书信任确定的权重算出来的。

时间戳 这个列保存列创建的日期和时间。

例 7.2

按步骤表明小红的公钥环表是怎样形成的。

(1)小红本人从某一行开始，如表 7-6 所示。用 N(不信任)，P(部分信任)和 F(完全信任)表示信任级别。为了简便，每个人(包括小红)只有一个用户 ID。

表 7-6 例 7.2 起始表

用户 ID	密钥 ID	公钥	生产者信任值	证书	证书信任	密钥合法性	时间戳
小红	AB……	AB……	F			F	……

注意，基于这个表，我们假定小红已经为她自己发了一个证书，小红当然对她自己是完全信任的。生产者信任级别也是完全的，所以这个密钥是合法的。虽然小红从来不用这个第一行，但第一行在 PGP 的操作上是需要的。

(2)现在小红把小明加在这个表中。小红完全信任小明，但是为了得到他的公钥，她请求小明通过电子邮件发送公钥和他的指纹。然后小红就打电话核对这个指纹。如表 7-7 所示。

表 7-7 小明加到表以后

用户 ID	密钥 ID	公钥	生产者信任值	证书	证书信任	密钥合法性	时间戳
小红	AB……	AB……	F			F	……
小明	12……	12……	F			F	……

注意，因为小红完全信任小明，小明的生产者信任值是完全。证书域的值为空，这就表明这个密钥已经间接地收到了，并且不是通过证书。

(3)现在小红把特德加在这个表中。特德是完全信任的。不过因为他是个特殊用户，小红不能给特德打电话。而是由小明发送给小红一个包含特德公钥的证书，因为小明知道特德的公钥，如表 7-8 所示。

表 7-8 例 7.2，把特德加入表中之后

用户 ID	密钥 ID	公钥	生产者信任值	证书	证书信任	密钥合法性	时间戳
小红	AB……	AB……	F			F	……
小明	12……	12……	F			F	……
特德	48……	48……	F	小明的	F	F	……

注意，证书域的值表明了证书是来自小明的。证书可信性的值是由 PGP 从小明的生产者信任域中复制的。密钥合法性域的值就是证书可信性的值乘以 1(权重)。

(4)现在小红把安妮加到表中。小红部分信任安妮，但是，完全信任的小明为安妮发送一个证书。如表 7-9 所示。

表7-9　　　　　　　　　　例7.2，把安妮加入表中之后

用户 ID	密钥 ID	公钥	生产者信任值	证书	证书信任	密钥合法性	时间戳
小红	AB……	AB……	F			F	……
小明	12……	12……	F			F	……
特德	48……	48……	F	小明的	F	F	……
安妮	71……	71……	P	小明的	F	F	……

注意，安妮的生产者信任值是部分的，但是证书信任值和密钥合法性是完全的。

（5）现在安妮向小红介绍不被她信任的约翰。表7-10表明了这个新的事件。

表7-10　　　　　　　　　　例7.2，把约翰加入表中之后

用户 ID	密钥 ID	公钥	生产者信任值	证书	证书信任	密钥合法性	时间戳
小红	AB……	AB……	F			F	……
小明	12……	12……	F			F	……
特德	48……	48……	F	小明的	F	F	……
安妮	71……	71……	P	小明的	F	F	……
约翰	31……	31……	N	安妮的	F	F	……

注意，PGP 已经把安妮的生产者信任值（P）复制到约翰的证书信任域了。约翰的密钥合法性域的值现在是 1/2（P），这就表明直到密钥的值变为 1（F），小红才能用约翰的密钥。

（6）现在小红不认识的简尼特把一个证书发送给李。因为小红并不认识简尼特，她完全忽略了这个证书。

（7）现在特德发送一个证书给约翰（特德是信任约翰的，约翰也许会要求特德发送证书）。小红查看这个表以后，找出带有约翰相关密钥 ID 和公钥的用户 ID。小红不是把另外一行加在这个表上，她只是如表7-11 所示那样，对该表作一些修改。

表7-11　　　　　　　　　　例7.2，收到多于一个约翰的证书之后

用户 ID	密钥 ID	公钥	生产者信任值	证书	证书信任	密钥合法性	时间戳
小红	AB……	AB……	F			F	……
小明	12……	12……	F			F	……
特德	48……	48……	F	小明的	F	F	……
安妮	71……	71……	P	小明的	F	F	……
约翰	31……	31……	N	安妮的 特德的	P F	P	……

因为在小红的表中，约翰有两个证书，并且他的密钥合法性值是 1，所以小红就可以使用他的密钥。但是约翰还是不信任的。注意，小红可以继续在表中增加条目。

6. PGP 的信任模式

就像 Zimmermann 提出的那样，我们就可以和活动中心的用户一起，为环中的每一个用户创建一个信任模式。这个模式看上去和图 7-9 中的模式差不多。该图表明了小红在某时的信任模式。随着公钥环表的改变，该图也许会有变化。

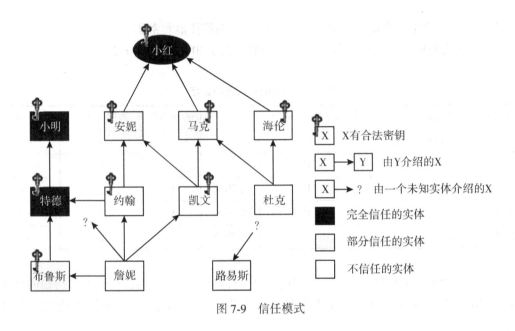

图 7-9 信任模式

我们详细说明一下这个图。图 7-9 表明，在小红完全信任的环中，有三个实体（小红自己、小明和特德）。本图也表明了部分信任的三个实体（安妮、马克和布鲁斯），不信任的实体有六个，有九个实体具有合法的密钥。小红可以加密发给这些实体中任意一个实体的信息，或验证所收到的这些实体的签名（小红的密钥从不在这个模式中使用）。也有三个实体没有任何小红的合法密钥。

小明、安妮和马克通过使用电子邮件发送其密钥，并通过电话验证其指纹，来制作他们的密钥合法性。另一方面，因为小红不信任海伦，用电话验证也不可能，海伦就发送了一个来自 CA 的证书。虽然特德是完全信任的，他还是发给小红一个由小明签名的证书。约翰已经给小红发了两个证书，一个是由特德签名的，一个是由安妮签名的。凯文也已经给小红发送了两个证书，一个是由安妮签名的，一个是由马克签名的。每个证书给予凯文半点的合法性，所以凯文的密钥是合法的。杜克给小红发送了两个证书，一个是由马克签名的，另一个是海伦签名的。因为马克是半信任的，海伦是不信任的，杜克没有合法的密钥。詹妮发送了四个证书，一个是由半信任实体签名的，两个是由不信任实体签名的，还有一个是由不认识的实体签名的。因此，詹妮没有足够的点使她的密钥具有合法性。路易丝发送了一个由不认识的实体签名的证书。注意，小红也许要在表中保存路易丝的名字，以防将来会收到路易丝的证书。

7. 信任网

PGP 最终可以在一群人之间制作一个信任网。如果每一个实体都给其他实体介绍更多的实体，每个实体的公钥环就会越来越大，环中的实体之间就可以发送安全电子邮件了。

7.2.4 密钥撤回

一个实体从环中撤回他或她的公钥有可能是必需的。如果密钥的持有者觉得密钥已经损坏(如被盗)，或使用时间太长已经不安全，就有可能把它撤回。为了撤回密钥，密钥持有者可以发送一个她自己签名的撤回证书。撤回证书必须是用旧密钥签名的，并且要散发给环中所有使用这个公钥的人。

7.2.5 从环中提取消息

正如我们了解到的那样，发送者和接收者都有两个环，一个私钥环，一个公钥环。我们来了解一下，发送和接收信息的消息是怎样从环中提取出来的。

1. 发送方

假定小红正在发送一个电子邮件给小明。小红需要五则消息：她正在使用的公钥的密钥 ID、她的私钥、会话密钥、小明的公钥 ID 和小明的公钥。为了获得这五则消息，小红要发给 PGP 四则消息：她的用户 ID(这个电子邮件的)、她的口令短语、一个带有停顿的击键序列和小明的用户 ID。参看图 7-10。

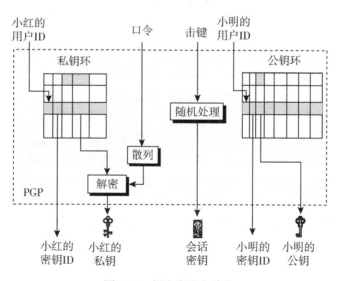

图 7-10 提取发送方消息

小红的公钥 ID(与信息一起发送)和她的私钥(为信息签名)储存在私钥环表中。小红选出一个用户 ID(她的电子由 K 件地址)用作环的索引。PGP 提取密钥 ID 和加密了的私钥。PGP 再用预先确定的解密算法和作散列处理的口令短语(作为密钥)解密私钥。

小红也需要一个保密的会话密钥。PGP 中的会话密钥是一个随机数,其大小是在加密/解密算法中确定的。PGP 用一个随机数生成器创建一个随机会话密钥,种子就是小红在她自己键盘上的一系列任意击键。每一次击键转化为 8 位,每一次击键间的停顿转化为 32 位。再通过一个复杂的随机数生成器进行联合,就创建了一个可靠的作为会话密钥的随机数。注意,PGP 中的会话密钥是一次性随机密钥并且只用一次。

小红也需要小明的密钥 ID(和信息一起发送)和小明的公钥(加密会话密钥)。这两则消息是用小明的用户 ID(他的电子邮件地址)从公钥环表中提取出来的。

2. 接收方

在接收方,小明需要三则消息:小明的私钥(解密会话密钥),会话密钥(解密数据)和小红的公钥(验证签名)。参看图 7-11。

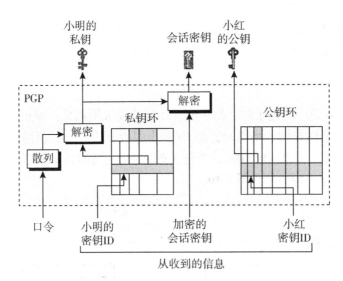

图 7-11   在接收方提取消息

小明用由小红发送给他的公钥的密钥 ID,找出要用来解密会话密钥的相关私钥。这则消息可以从小明的私钥环表中提取,不过私钥是在储存的时候加密,小明要用口令短语和散列函数对它解密。加密的会话密钥和信息一起发送;小明用他的解密私钥对会话密钥解密。

小明运用与信息一起发送的小红的密钥 ID,来提取小红的公钥,这个公钥储存在小明的公钥环表中。

7.2.6 PGP 包

一个 PGP 中的信息是由一个或多个数据包组成的，随着 PGP 的不断改进，数据包类型的格式和数量已经改变。就像我们到目前所了解的别的协议一样，PGP 有一个每个包都可以使用的一般的文件头。在最新的版本中，一般文件头只有两个域，如图 7-12 所示。

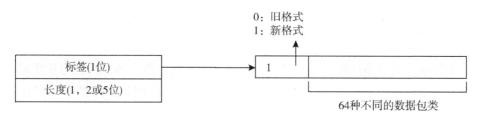

图 7-12　数据包文件头的格式

标签　这个域的最新格式定义了一个标签作为一个 8 比特的标记；第一位（最重要）总是 1。如果我们使用的是最新的版本，第二位是 1。剩下的六位可以确定 64 种不同的数据包种类。如表 7-12 所示。

表 7-12

值	数据包类型
1	用公钥加密的会话密钥数据包
2	签名数据包
5	私钥数据包
6	公钥数据包
8	压缩数据包
9	用密钥加密的数据包
11	文字数据包
13	用户 ID 数据包

长度　长度域以字节为单位定义了整个数据包的长度。域的大小是可变的，可以是 1、2 或 5 字节。接收者可以通过考虑直接跟在标签域后面的字节的值，从而确定长度域的字节数。

（1）如果标签域后面的字节的值少于 192，域的长度就只有一字节。净核（数据包减去文件头）的长度按下式计算：

$$净核长度 = 第一个字节$$

（2）如果标签域后面的字节的值在 192~223（包含）之间，长度域是两个字节。净核的长度可以计算为：

净核长度 = (第一个字节−192)<<8+第二个字节+192

（3）如果标签域后面的字节的值在224~254（包含）之间，长度域是一字节。长度域的类型只定义了净核部分的长度（部分净核长度）。部分净核长度可以计算为：

部分净核长度 = 1<<(第一个字节 &0x1F)

注意，公式表示为：

$$1\times2^{\text{(first byte \& 0x1F)}}$$

这个幂实际上就是最右面的五个位的值。因为域是在224~254之间，最右面的五个位的值就在0~30之间，包含0和30。也就是说，部分净核长度可以在 $1(2^0)$~$1\,073\,741\,824(2^{30})$ 之间。一个包成为部分净核时，部分净核长度就是可用的。每个部分净核的长度定义长度的一部分。最后面的长度域不能定义一个部分净核的长度。例如，如果一个包有四个部分，它就可以有三个部分长度域和一个另一类型的长度域。

（4）如果标签域后面的字节的值是255，长度域就由五个字节组成。净核的长度可以根据下式计算：

净核长度 = 第二个字节<<24 | 第三个字节<<16 | 第四个字节<<8 | 第五个字节

文字数据包 文字数据包是用来传输或保存正在被传输或储存的数据的数据包。这种数据包是一种最基本的信息类型，它可以携带任何其他的数据包。数据包的格式如图7-13所示。

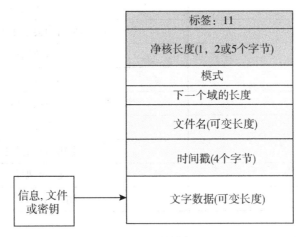

图 7-13 文字数据包

模式 这个一字节的域定义怎样把数据写入数据包。这种域的值可以是表示二进制的"b"、文本的"t"或任何一个别的本地定义的值。

下一个域的长度 这个一字节的域定义下一个域的长度（文件名域）。

文件名 这个可变长度的域定义作为 ASCII 串的文件名或信息名。

时间戳 这个四字节的域定义创建信息和最新修改指定的时间。它的值可以是0，这就表明用户选择的不是一个特定的时间。

文字数据 这个可变长度的域携带文本中的实际数据(文件或信息)或者二进制(依赖于模式域的值)的实际数据(文件或信息)。

压缩数据包 这种包传送压缩数据包。如图 7-14 所示,就是这种压缩数据包的格式。

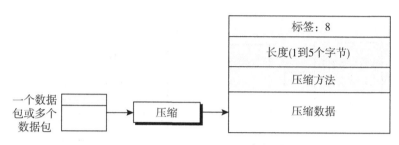

图 7-14 压缩数据包

压缩方法 这个一字节的域定义压缩数据的方法(下一个域)。为这个域定义的值就是 1(ZIP)和 2(ZIP)。也可以用其他试验性的压缩方法来实现。

压缩数据 这个可变长度的域携带压缩后的数据。注意,这个域中的数据可以是一个包也可以是两个或多个包的串联。通常就是一个单个的文字数据包或一个签名数据包后面再跟一个文字数据包的联合体。

用密钥对数据包加密 这个包携带来自一个数据包或者数据包组的数据,数据包或数据包组都是用传统对称密钥算法加密的。注意,携带一次性会话密钥的数据包必须要在这个包之前发送。如图 7-15 所示,就是这种加密数据包的格式。

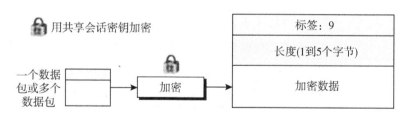

图 7-15 加密数据包

签名数据包 像我们以前讨论的那样,签名数据包是为了保护数据的完整性。图 7-16 表示了签名数据包的格式。

版本 这个一字节的域定义了所用 PGP 的域。

长度 最初设计这个域是为了表示接下来的两个域的长度,但是,因为这些域的大小现在是确定的,这个域的值是 5。

签名类型 这个一字节的域定义了签名的目的和所签名的文件。表 7-13 所示就是这些签名类型。

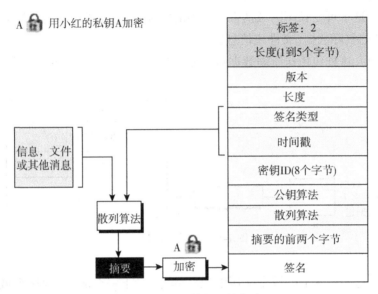

图 7-16 签名数据包的格式

表 7-13   一些签名值

值	签 名
0x00	一个二进制文件的签名(信息或文件)
0x01	一个文本文件的签名(信息或文件)
0x10	一个用户 ID 的一般证书和公钥数据包。有关密钥的所有人，签名者不能做出任何特别的断言
0x11	一个用户 ID 的个人证书和公钥数据包。不对密钥的所有人进行验证
0x12	一个用户 ID 的临时证书和公钥数据包。要对密钥的所有人进行一些临时验证
0x13	一个用户 ID 的正证书和公钥数据包，进行实际验证
0x30	证书撤回签名，这就取消了一个以前的证书(0x10 通过 0x13)

时间戳　这个四字节的域定义计算签名的时间。

密钥 ID　这个八字节的域定义签名者的公钥 ID。它可以向验证者指出，哪个签名者公钥可以用来对摘要进行解密。

公钥算法　这个一字节的域给出了对摘要加密的公钥算法的代码。验证者可以用相同的算法对摘要进行解密。

Hash 算法　这个一字节的域给出了用来创建摘要的散列算法的代码。

信息摘要的前两个字符　这个两字节可以用作一种校验和。它们可以确保接收者正在使用正确的密钥 ID 对摘要进行解密。

签名　这个可变长度的域是一个签名。它也是由发送者签名的加密摘要。

用公钥加密的会话密钥数据包 这个数据包用来发送用接收者公钥加密的会话密钥。如图 7-17 所示。

版本 这个一字节的域定义了正在使用的 PGP 的版本。

密钥 ID 这个八字节的域定义了发送者的公钥 ID。它向接收者指出，应当用哪个发送者公钥来解密会话密钥。

公钥算法 这个一比特的域给出了用来加密会话密钥的公钥算法的代码。接收者用相同的算法解密会话密钥。

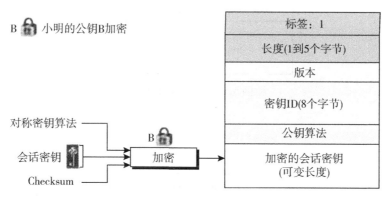

图 7-17 会话密钥数据包

加密会话 这个可变长度的域是由发送者创建并发送给接收者的会话密钥的加密值。下面就是加密的过程：

（1）一个八位位组的对称加密算法。

（2）会话密钥。

（3）一个双八位位组校验和等于前述会话密钥八位位组之和。

公钥数据包 这个数据包包含发送者的公钥。数据包的格式如图 7-18 所示。

版本 这个一字节的域定义正在使用的 PGP 版本。

时间戳 这个四字节的域定义创建密钥的时间。

有效期 这个两字节的域表明了密钥的有效天数。如果这个值是 0，那就表明密钥还没有到期。

公钥算法 这个一字节的域给出了公钥算法的代码。

公钥 这个可变长度的域保存公钥本身。其内容依赖于所用公钥算法。

用户 ID 数据包 这个数据包鉴定用户，并且通常可以把用户 ID 的内容和发送者的公钥联系起来。图 7-19 表明了这种用户 ID 数据包的格式。注意，一般文件头的长度域只有一字节。

用户 ID 这个可变长度的串定义发送者的用户 ID。它通常就是在用户名字后面的一个电子邮件地址。

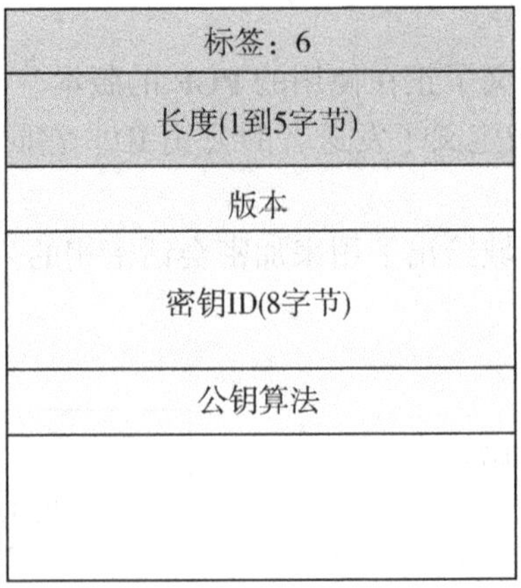

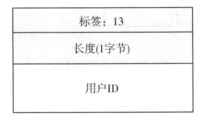

图 7-18　公钥数据包

| 标签：6 |
| 长度(1到5字节) |
| 版本 |
| 密钥ID(8字节) |
| 公钥算法 |
| |

| 标签：13 |
| 长度(1字节) |
| 用户ID |

图 7-19　用户 ID 数据包

7.2.7　PGP 信息

PGP 中的信息是序列数据包和/或嵌套数据包的组合。即使不是所有的数据包组合都能生成一个信息，组合的列表也还是长的。在这一部分，我们用几个例子说明这个概念。

1. 加密信息

一个加密信息可以是两个数据包形成的一个系列，一个会话密钥数据包和一个对称加密数据包。后者通常是一个嵌套数据包。图 7-20 所示，就是这种组合。

注意，会话密钥数据包只是一个单个的数据包。一个加密的数据包，不过是由一个压缩数据包组制成的。压缩数据包是由文字数据包制成的。后者保存文字数据。

2. 签名信息

一个签名信息可以是一个签名数据包和一个文字数据包的组合，如图 7-21 所示。

3. 证书信息

虽然一个证书可以有多种形式，一个简单的例子就是用户 ID 数据包和公钥数据包的

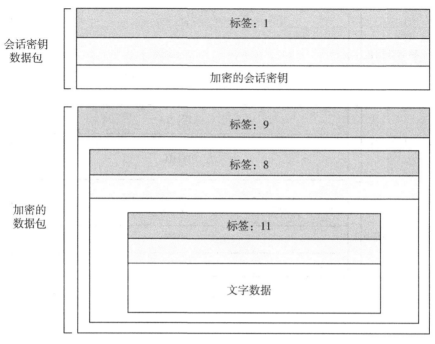

图 7-20　加密信息

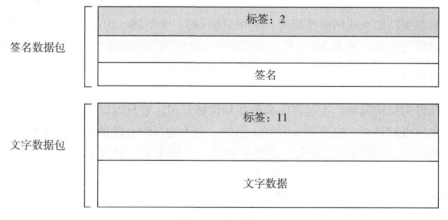

图 7-21　签名信息

组合，如图 7-22 所示。签名是后来在密钥和用户 ID 串联当中计算出来的。

7.2.8　PGP 的应用

PGP 已经被广泛地应用在个人电子邮件当中了，以后也许还会继续使用 PGP。

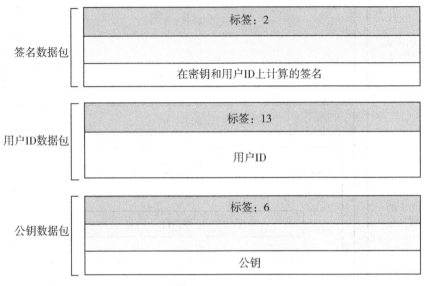

图 7-22   证书信息

7.3   S/MIME

另外一个为电子邮件签名的安全服务，就是安全多功能互联网扩展协议(S/MIME)。这个协议是对多功能互联网邮件扩展(MIME)协议的一个增强。为了更好地理解 S/MIME，我们首先简单地描述一下 MIME。接下来再把 S/MIME 作为 MIME 的扩展来进行讨论。

7.3.1   MIME

电子邮件的结构简单，不过它的简单性和价格有关。它只可以以 NVT ASCII 7 比特格式发送信息。也就是说，它有许多限制。例如，它不能当作可以被 7 比特 ASCII 字符支持的语言来使用(如阿拉伯文、中文、法文、德文、希伯来文、日文和俄文)，而且它也不能用来发送二进制文件和音频、视频数据。

多功能互联网邮件扩展协议(MIME)是一个补充协议，它允许一个非 ASCII 数据通过电子邮件发送。MIME 在发送端把非 ASCII 数据转化为 NVT ASCII 数据，并把这些数据通过互联网传送到客户端 MTA 上。在接收端再把这些数据转化为原来的数据。

我们可以把 MIME 当做是一系列的软件功能，可以把非 ASCII 数据转化为 ASCII 数据，反之亦然，如图 7-23 所示。

MIME 可以定义 5 个文件头，这 5 个文件头可以加在原电子邮件文件头部分，来定义传送参数。

(1) MIME 版本

(2) 内容类型

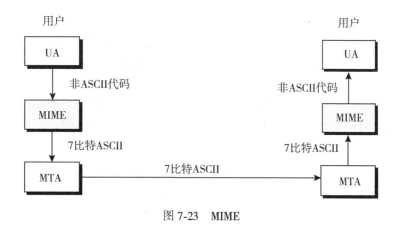

图 7-23 MIME

（3）内容传输编码

（4）内容 ID

（5）内容描述

如图 7-24 所示，就是 MIME 的文件头。我们详细讨论一下每个文件头。

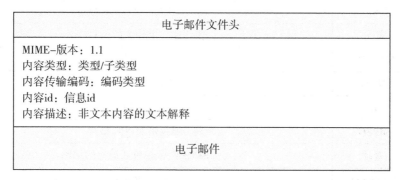

图 7-24 MIME 文件头

1. MIME 版本

这个文件头定义所用 MIME 的版本，当前的版本是 1.1。

2. 内容类型

这个文件头定义用在信息净核当中的数据类型。内容类型和子类型用一条斜线分开。根据子类型，文件头也许包含其他参数。

内容类型：<类型/子类型；参数>

MIME 允许 7 种不同类型的数据。这些都列在表 7-14 中并作了详细描述。

文本 原信息是 7 比特 ASCII 格式，并且不需要通过 MIME 传送。有两个当前使用的

139

子类型，无格式普通文本和超文本链接语言。

多部分 该实体包含多个独立的部分。多部分文件头需要定义每个部分之间的界线。为了实现这个目标要用一个参数。这个参数就是每一部分前面的一串记号，它本身就在分隔线上，前面有两个连字符。实体在边界记号处终止，重新以两个连字符开始，再以两个连字符结束。

这一类型中有四个子类型：混合子类型、平行子类型、摘要子类型和选择子类型。在混合子类型中，各部分都要以和信息当中一样的准确次序出现在接收方。

表 7-14　　　　　　　　　　　　　　**MIME 中的数据类型和子类型**

类　型	子类型	描　　述
	无格式	无格式
	MTML	MTML 格式
多部分的	混合的	实体包含不同的数据类型的有序部分
	平行的	与以上相同，但没有顺序
	摘要	与混合相同，但默认值是信息/RFC822
	选择的	部分是相同信息的不同版本
信息	RFC822	实体是一个封装信息
	部分	实体是一个较大的信息碎片
	外部实体	实体是另一个信息的参考
图像	JPEG	图像是 JPEG 格式
	GIF	图像是 GIF 格式
视频	MPEG	视频是 MPEG 格式
音频	基础	8KHz 声音在单通道上的编码
应用	PostScript	Adobe PostScript
	八位位组流	一般的二进制数据(八比特位)

每一部分都有一个不同的类型，并在边界上就已经定义。如果各个部分之间的次序不重要，平行子类型就和混合子类型相似。除非缺省类型/子类型像下面说明的那样是信息/RFC822，摘要子类型和混合子类型也是相似的。在选择子类型中，相同的信息要用不同的格式重复。下面就是一个使用混合子类型的多部分信息的例子：

```
内容类型：多部分/混合；界线=xxxx

--xxxx
内容分类：文本/无格式；
------------------------
--xxxx
内容类型：图像/gif；
--xxxx--
```

信息 在信息类型中,实体本身是一个完整的电子邮件信息、电子邮件信息的一部分或信息的一个点。三个子类型都是当前使用的:RFC822、部分的和外部的主体。如果主体是密封起来的另一个信息(包括文件名和主体),就要用子类型 RFC822。如果原信息已经分解为不同的电子邮件信息,并且电子邮件信息也是碎片之一,就要用到部分子类型。这些碎片在目的文件中必须要由 MIME 再重新组合起来。必须要加三个参数:id、数字和总数。id 用来确定信息,并且出现在每一个碎片中;数字确定碎片的次序;总数确定组成原文件的碎片的数目。下面就是这种带有三个碎片的信息的例子:

```
内容类型:信息/部分的;
id="forouzan@challenger.atc.fhda.edu";
数字=1;
总数=3;

..................................
..........................
```

子类型的外部主体表明,主体不包含实际信息仅是原信息的一个参考(指示器)。子类型后面的参数决定访问原信息的方法。下面就是一个例子:

```
内容类型:信息/外部实体;
名称="report.txt";
site="fhda.edu";
access-type="ftp";

.............................
..........................
```

图像 原信息是一个固定图像,那就表明没有动画。两个当前使用的子类型是联合图像专家组(JPEG),它使用图像压缩和图形交换格式(GIF)。

视频 原信息是一个随时间变化的图像(运动的)。唯一的子类型是运动图像专家组(MPEG)。如果运动图像包含声音,声音必须要用音频内容类型分开发送。

音频 原信息是声音。只有子类型是基础性的,可以使用 8 千赫兹标准的音频数据。

应用 原信息是一种前面没有定义过的数据类型。当前使用的只有两个子类型:PostScript 和八位组流。如果数据是 Adobe PostScript 格式,就要用 PostScript。如果数据必须要转换为 8 比特的字节序列(二进制文件),就要用八位组流。

3. 目录传递编码

这个文件头定义了一种方法,这种方法为了传送方便把信息编码为 0 和 1;

内容—传输—编码:<类型>

表 7-15 列出了 5 种编码方法的类型。

表 7-15   内容传送编码

类 型	描 述
7 比特	NVT ASCII 字符和短行

续表

类　型	描　述
8 比特	非 ASCII 字符和短行
二进制	非 ASCII 字符与无限长度的行
Radix-64	运用 Radix-64 转换把 6 比特的数据分组编码为 8 比特 ASCII 字符
引用可印刷	把非 ASCII 字符编码为一个紧跟 ASCII 字符的相同符号

7 位　这是 7 位 NVT ASCII 编码。虽然不需要特殊的传送，行的长度不应当超过 1000 个字符。

8 位　这是 8 位的编码。可以发送非 ASCII 字符，但是行的长度还是不应当超过 1000 个字符。MIME 在这里不做任何编码，基础的 SMTP 必须能够传输 8 位的非 ASCII 字符，所以这种方法不被推荐。Radix-64 和引用可印刷类型更为优越。

二进制　这是一个 8 位的编码。可以发送非 ASCII 字符，并且行的长度可以超过 1000 字符。这里 MIME 不做任何编码 1 基础的 SMTP 协议必须要能够传送二进制数据。所以，这种方法并不推荐。Radix-64 和引用可印刷类型更为优越。

Radlx-64　如果最高的位不必是零，这就是一种发送由字节组成的数据的方法。Radix-64 把这种数据转化为可印刷的字符，然后再以 ASCII 字符或基础由 9 件传送机制支持的字符组发送。

Radix-64 把二进制数据(由位流组成)分解成 24 位的块。然后再把每一个块分解成四个部分，每个部分由 6 位组成(参看图 7-25)。每个 6 位的部分再根据表 7-16 转化为一个字符。

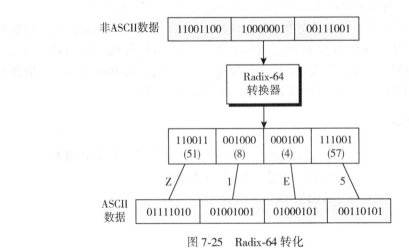

图 7-25　Radix-64 转化

表 7-16   **Radix-64 编码表**

值	代码	值	代码	值	代码	值	代码	值	代码	值	代码
0	A	11	L	22	W	33	h	44	s	55	3
1	B	12	M	23	X	34	i	45	t	56	4
2	C	13	N	24	Y	35	j	46	u	57	5
3	D	14	O	25	Z	36	k	47	v	58	6
4	E	15	P	26	a	37	l	48	w	59	7
5	F	16	Q	27	b	38	m	49	x	60	8
6	G	17	R	28	c	39	n	50	y	61	9
7	H	18	S	29	d	40	o	51	z	62	+
8	I	19	T	30	e	41	p	52	0	63	/
9	J	20	U	31	f	42	q	53	1		
10	K	21	V	32	g	43	r	54	2		

引用可印刷 Radix-64 是一种冗余编码方案，也就是把 24 位转化成四个字符，最后再当做 32 位发送。我们有总位数 25% 的开销。如果数据主要是由 ASCII 字符和带有小部分非 ASCII 字符组成的，我们就可以用引用可印刷编码。如果一个字符是 ASCII，就可以这样发送。如果一个字符不是 ASCII，就要当做三个字符来发送。第一个字符是等值符（＝）。接下来的两个字符是十六进制代表字节，图 7-26 就是一个例子。

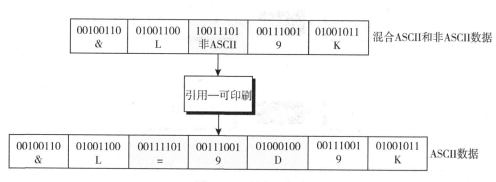

图 7-26 引用-可印刷

4. 内容 Id

这个文件头只对多重信息环境中的整体信息进行鉴别。

内容 id：id＝<内容 id>

5. 内容描述

这个文件头定义主体是图像，或是音频，或是视频。

内容-描述：<描述>

7.3.2 S/MIME

S/MIME 在 MIME 上增加了一些新的内容类型，包括安全服务。所有这些新的类型都包含"application/pkcs7-mime"参数，这里"pkcs"就是"公钥加密说明"。

1. 加密信息语法(CMC)

为了说明怎样把机密性、完整性等安全服务，增加到 MIME 内容类型上，S/MIME 已经定义了加密信息语法(CMC)。每一种情况下的语法，定义每一种内容类型的准确编码类型。下面就介绍一下从信息创建的信息类型和不同的子类型。要了解更为详细的内容，请读者参阅 RFC3369 和 3370。

数据内容类型　这是一个任意串。创建的目标称为数据。

签名数据的内容类型　这个类型只提供数据的完整性。它包含一些类型与零或更多的签名值。编码结果是称为签名数据的目标。图 7-27 表明了创建该类型目标的过程。下面就是这个过程的步骤：

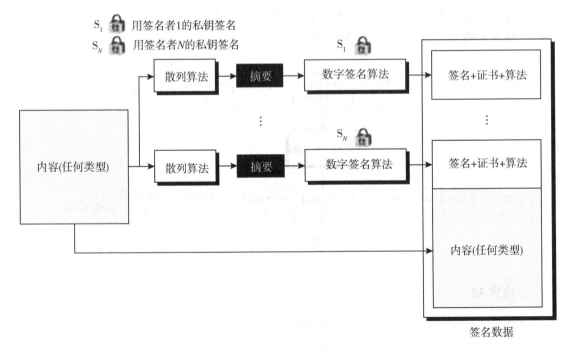

图 7-27　签名数据内容类型

（1）对每一个签名者，信息摘要都是根据签名者选择的特殊散列函数的内容创建的。

（2）每一个信息摘要都是用签名者的私钥进行签名的。

（3）然后由内容、签名值、证书和算法共同创建对签名数据目标。

封装数据内容类型 这种类型为信息提供保密性。它包含一些类型与零或更多的加密密钥和证书。编码结果是一个称为封装数据的目标。图 7-28 表明了创建这种类型目标的过程。

（1）为所用的对称密钥算法创建一个伪随机会话密钥。

（2）对每一个接收者来说，会话密钥的副本是用每个接收者的公钥加密的。

（3）内容是用已经定义的算法加密的，并且创建会话密钥。

（4）加密的内容、加密的会话密钥、所用的算法和证书都要用 Radix-64 编码。

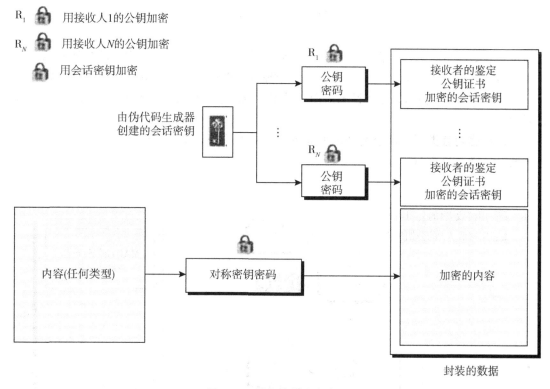

图 7-28 封装数据内容类型

摘要数据内容类型 这个类型用来为信息提供完整性。这个结果通常用作封装数据内容类型的内容。编码的结果是一个称为摘要数据的目标。图 7-29 所示，就是创建这种类型目标的过程。

（1）信息摘要是从内容当中计算出来的。

（2）信息摘要、算法和内容加在一起创建摘要数据目标。

加密数据内容类型 这种类型用来创建任何内容类型的加密版本。虽然这种类型看上

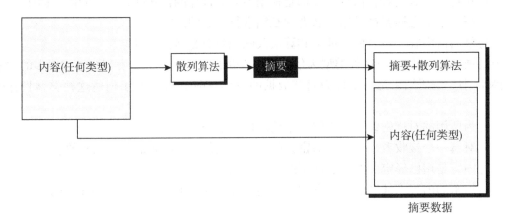

图 7-29 摘要数据内容类型

去像是封装数据内容类型，但加密数据内容类型没有接收者。它可以用来储存加密的数据而不是传送数据。过程非常简单，用户用任意密钥(通常是从口令获得的)和任意算法来对内容加密。加密内容被储存起来，但是密钥和算法并不储存。创建的目标称为加密数据。

验证数据内容类型　这个类型用来提供对数据的验证。这个目标称为验证数据。如图 7-30 所示，就是这个过程。

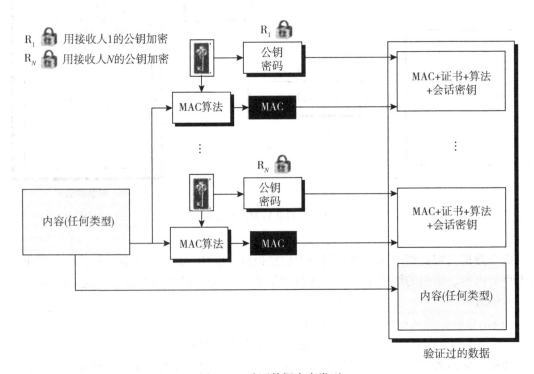

图 7-30 验证数据内容类型

（1）用一个伪随机生成器，为每一个接收者生成一个 MAC 密钥。

（2）用接收者的公钥加密 MAC 密钥。

（3）为内容创建一个 MC。

（4）内容、MAC、算法和其他的信息结合起来组成验证数据目标。

2. 密钥管理

S/MIME 中的密钥管理，是运用于 X.509 和 PGP 中的密钥管理的组合。S/MIME 运用由认证机关签名的公钥证书，这种认证机关又是由 X.509 定义的。不过用户有责任维持用于验证由 PGP 定义的签名的信任网。

3. 加密算法

S/MIME 确定了几种加密算法，如表 7-17 所示。"must"这个词表示必须要这样，"should"这个词表示推荐这样。

表 7-17   S/MIME 的加密算法

算　法	发送者必须支持	接收者必须支持	发送者应该支持	发送者应该支持
内容加密算法	三重 DES	三重 DES		1. AES 2. RC2/40
会话密钥加密算法	RSA	RSA	Diffie-Hellman	Diffie-Hellman
散列算法	SHA-1	SHA-1		MD5
摘要加密算法	DSS	DSS	RSA	RSA
信息验证算法		HMAC 与 SHA-1		

例 7.3

下面我们举一个封装数据的例子，其中有一个小的信息是用三重 DES 加密的。

```
Content-Type: application/pkcs7-mime; mime-type=enveloped-data
Content-Transfer-Encoding:
Radix-64 Content-Description: attachment
name="report.txt";
cb32ut67f4bhijHU21oi87eryb0287hmnklsgFDoY8bc659GhIGfH6543mhjkdsaH23YjBnmN
ybmlkzjhgfdyhGe23Kjk34XiuD678Es16se09jy76jBuytTMDcbnmlkjgfFdiuyu678543mOn3h
G34un12P2454Hoi87e2rybOH2MjN6KuyrlsgFDoY897fk923jljk1301XiuD6gh78EsUyT23y
```

7.4　概要

因为在电子邮件通信中没有会话，信息发送者要包含名称或在信息中使用的算法的标识符。在电子邮件通信中，加密/解密是使用对称密钥算法完成的，但是解密信息的密钥是用接收者的公钥加密的，并且要和信息一起发送。

本章中讨论的第一个协议称为优秀密钥（PGP）协议，这是由 Philip Zimmermann 发明的，用来为电子邮件提供秘密性、完整性和可信性。PGP 可以用来创建一个安全的电子邮件信息，或安全地储存一个文件，以备将来恢复。

在 PGP 中，小红要有她需要与之通信的每一个人的公钥环。她也需要有属于她自己的私/公钥环。

PGP 中不需要 CA，环中的任何一个人都可以为环中的其他人签一个证书。在 PGP 中，没有信任的分级，没有树形结构，从完全或部分信任权威到任何主体可以有多条路径。

PGP 的完整操作是基于介绍人信任、信任等级和公钥合法性的。PGP 在一群人中编织一个信任网。

PGP 已经定义了几个数据包类型：文字数据包、压缩数据包、用密钥加密的数据包、签名数据包、用公钥加密的会话数据包、公钥数据包和用户 ID 数据包。

在 PGP 中，我们可以有几种信息类型：加密信息、签名信息和证书信息。

另一个为电子邮件设计的安全服务就是安全多功能互联网邮件扩展协议（S/MIME）。这个协议是对多功能互联网邮件扩展（MIME）协议的增强，MIME 是一个允许非 ASCII 数据通过电子邮件进行传送的补充协议。为了提供安全服务，S/MIME 把一些新的内容类型加在 MIME 上。

加密信息语法（CMC）定义了几种信息类型，这几种信息类型可以生成加在 MIME 上的新内容类型。本章提到的几种信息类型，包括数据内容类型、签名数据内容类型、封装数据内容类型、摘要数据内容类型、加密数据内容类型和验证数据内容类型。

S/MIME 中的密钥管理就是把运用于 X.509 和 PGP 中的密钥管理结合起来。S/MIME 运用由认证机关签名的公钥证书。

8　加密解密技术应用于传输层

传输层上的安全机制为应用程序提供端对端安全服务，这里的应用程序运用像 TCP 一样的传输层协议。这种想法是要为互联网上的交易提供安全服务。例如，当顾客在线购物时，就需要有下面的这些安全服务：

（1）顾客需要肯定服务器属于真实的卖主，而不是一个冒名顶替者。顾客不能把自己的信用卡号发送给一个冒名顶替者(实体证明)。

（2）顾客和卖主都要肯定信息的内容在传输过程中没有被修改(信息的完整性)。

（3）顾客和卖主都要肯定冒名顶替者没有拦截到像信用卡号一类的敏感信息(机密性)。目前在传输层上提供安全性的两个主导性的协议就是：安全套接层(SSL)协议和安全传输层(TLS)协议。后者实际上是前者的一个 IETF 版本。我们首先讨论 SSL，然后讨论 TLS，再把这两者进行比较对照。在互联网模型中，SSL 和 TLS 的位置，如图 8-1 所示。

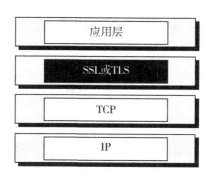

图 8-1　在互联网模型中 SSL 和 TLS 的位置

这些协议的目标之一就是提供服务器验证和客户验证，以及数据机密性和数据完整性。应用层客户/服务器程序，像使用 TCP 服务的超文本传输协议(HTTP)，可以把信息封装在 SSL 数据包中。如果服务器和客户可以运行 SSL(或 TLS)程序，那么客户就可以运用 URLhttps：//... 而不是 http：//... 来允许 HTTP 信息被封装在 SSL(或 TLS)数据包中。例如，在线购物者的信用卡号可以通过互联网安全传输。

8.1　SSL 结构

SSL 是设计用来为在应用层生成的数据提供安全服务和压缩服务的。具有典型意义的

149

是，SSL 可以从任何应用层协议接收数据，不过通常还是从 HTTP 接收。从应用层接收的信息是压缩信息(可选)、签名信息和加密信息。然后再把数据传输到可靠的传输层协议如 TCP 上。1994 年，Netscape 提出了 SSL。1995 年，又发布了第二版和第三版。本章我们将讨论 SSL 的第三版。

8.1.1　服务

SSL 提供从应用层接收数据的安全服务。

1. 碎裂

首先，SSL 把数据分成 2^{14} 字节或更小的分组。

2. 压缩

数据的每一个碎片都要用一种客户和服务器之间协商的无损耗压缩方法压缩。这种服务是可选的。

3. 信息完整性

为了保护信息的完整性，SSL 运用密钥散列函数创建了一个 MAC。

4. 机密性

为了提供机密性，原信息和 MAC 要用对称密钥加密法加密。

5. 结构

在加密的有效载荷上加一个头，然后再让有效载荷通过可靠的传输层协议。

8.1.2　密钥交换算法

正像我们将在后面了解到的那样，为了交换一个可信而且机密的信息，客户和服务器都需要有六个加密信息(四个密钥和两个初始向量)。不过，为了创建这些秘密，必须在他们之间建立一个预备主秘密。SSL 确定了 6 个密钥交换方法来建立这个预备主秘密：NULL、RSA、匿名 Diffie-Hellman、暂时 Diffie-Hellman、固定 Diffie-Hellman 和 Fortezza，如图 8-2 所示。

1. 无效

在这种方法中，没有密钥的交换。在客户和服务器之间也不需要建立预备主秘密。客户和服务器都需要知道预备主秘密的值。

2. RSA

在这种方法中，预备主秘密是一个由客户创建的 48 字节的随机数，用服务器的 RSA 公钥加密，再发送给服务器。服务器还要发送其 RSA 加密/解密证书。如图 8-3 所示。

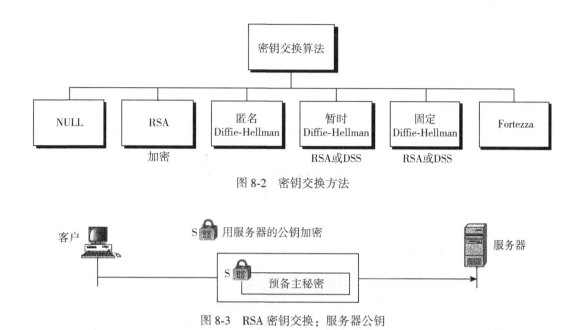

图 8-2 密钥交换方法

图 8-3 RSA 密钥交换：服务器公钥

3. 匿名 Diffie-Hellman

这是一种最简单最不安全的方法。运用 Diffie-Hellman(DH)协议在客户和服务器之间建立预备主秘密。Diffie-Hellman 半密钥以明文方式发送。因为双方都不知道对方，所以这就被称为匿名 Diffie-Hellman。正像我们所讨论的那样，这种方法最严重的缺陷就是中间相遇攻击。如图 8-4 所示。

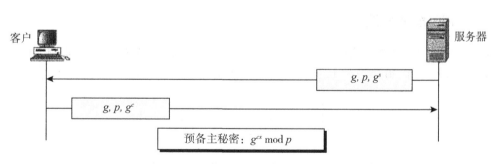

图 8-4 匿名 Diffie-Hellman 密钥交换

4. 暂时 Diffie-Hellman

为了阻止中间人攻击，可以使用暂时 Diffie-Hellman 密钥交换。每一方都发送一个用本身私钥签名的 Diffie-Hellman 密钥。收到该密钥的这一方需要用发送者的公钥验证签名。验证所用的公钥用 RSA 或 DSS 数字签名证书进行交换。如图 8-5 所示。

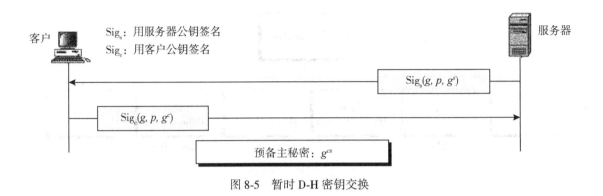

图 8-5　暂时 D-H 密钥交换

5. 固定 Diffie-Hellman

另一个解决办法就是固定 Diffie-Hellman 方法。群中的所有实体都可以准备固定参数
（g 和 p）。然后，每一个实体就可以创建一个固定 Diffie-Hellman 半密钥（gX）。为了更安
全，每个单个的半密钥都要插入已经被认证机构（CA）认证的证书中。也就是说，双方不
是直接交换半密钥；CA 在一个 RSA 或 DSS 特殊证书中发送半密钥。如果客户需要计算预
备主秘密，它就运用以证书形式接收的固定半密钥和服务器半密钥。服务器的做法也一
样，只是顺序相反。注意，在这种方法中，没有密钥交换信息通过；只有证书被交换。

6. Fortezza

Fortezza（来自意大利语，意思是要塞）是美国国家安全局的一个注册商标。这是一组
由国防部提出来的安全协议。因为其复杂性，我们在本书中不作讨论。

8.1.3　加密/解密算法

有几种对加密/解密算法的选择。我们可以把这种算法分成 6 个组，如图 8-6 所示。
除了 Fortezza 用一个 20 字节的 IV，所有协议都使用一个 8 字节的初始向量（IV）。

图 8-6　加密、解密算法

1. 无效

无效类简单地定义了无加密/解密算法。

2. 流 RC

在流模式中定义了两个 RC 算法：RC4-40(40 比特密钥)和 RC4-128(128 比特密钥)。

3. 分组 RC

在分组模式中定义的一个 RC 算法：RC2-CBC-40(40 比特密钥)。

4. DES

所有的 DES 算法都是在分组模式中定义的。DES40_CBC 使用一个 40 比特的密钥。标准 DES 定义为使用一个 168 比特密钥的 DES-CBC、3DES-EDE-CBC。

5. IDEA

在分组模式中定义的 IDEA 算法就是带有一个 128 比特密钥的 IDEA_CBC。

6. Fortezza

在分组模式中定义的算法就是一个带有 96 比特密钥的 FORTEZZA_CBC。

8.1.4 散列算法

SSL 运用散列算法来提供信息的完整性(信息可信性)。定义了三个散列函数，如图 8-7所示。

图 8-7 信息完整性的散列算法

1. NULL(无效)

双方可能都倾向于使用一个算法。在这种情况下，没有散列函数，信息是不可信的。

2. MD5

双方可能选择 MD5 作为散列算法。这种情况下，就要用一个 128-密钥 MD5 散列算法。

3. SHA-1

双方也许都会选择 SHA 作为散列算法。这种情况下，就要用一个 160 比特的 SHA-1 散列算法。

8.1.5 密码套件

密钥交换、散列和加密算法的组合为每一个 SSL 会话定义了一个密码套件。如表 8-1 所示，就是在美国使用的套件，不包括那些输出国外的套件。注意，不是所有密钥交换、信息完整性和信息可信性的组合都列入本表。

每个套件都以"SSL"开始，紧跟着是密钥交换算法。用"WITH"这个词把密钥交换算法与加密算法、散列算法分开。例如：

$$SSL\_DHE\_RSA\_WITH\_DES\_CBC\_SHA$$

把 DHE-RSA(带有 RSA 数字签名的暂时 Diffie-Hellman)定义为以 DES-CBC 为加密算法，以 SHA 为散列算法的密钥交换。

表 8-1 **SSL 密码套件列表**

密码套件	密钥交换	加密	散列
SSL_NULL_WTTH_NULL_NULL	NULL	NULL	NULL
SSL_RSA_WTTH_NULL_MD5	RSA	NULL	MD5
SSL_RSA_WTTH_NULL_SHA	RSA	NULL	SHA-1
SSL_RSA_WTTH_RC4_128_MD5	RSA	RC4	MD5
SSL_RSA_WTTH_RC4_128_SHA	RSA	RC4	SHA-1
SSL_RSA_WTTH_IDEA_CBC_SHA	RSA	IDEA	SHA-1
SSL_RSA_WTTH_DES_CBS_SHA	RSA	DES	SHA-1
SSL_RSA_WTTH_3DES_EDE_CBC_SHA	RSA	3DES	SHA-1
SSL_DH_anon_WTTH_RC4_128_MD5	DH_anon	RC4	MD5
SSL_DH_anon_WTTH_DES_CBC_SHA	DH_anon	DES	SHA-1
SSL_DH_anon_WTTH_3DES_EDE_CBC_SHA	DH_anon	3DES	SHA-1
SSL_DHE_RSA_WTTH_DES_CBC_SHA	DHE_RSA	DES	SHA-1
SSL_DHE_RSA_WTTH_3DES_EDE_CBC_SHA	DHE_RSA	3DES	SHA-1
SSL_DHE_DSS_WTTH_DES_CBC_SHA	DHE_DSS	DES	SHA-1
SSL_DHE_DSS_WTTH_3DES_EDE_CBC_SHA	DHE_DSS	3DES	SHA-1
SSL_DH_RSA_WTTH_DES_CBC_SHA	DH_RSA	DES	SHA-1
SSL_DH_RSA_WTTH_3DES_EDE_CBC_SHA	DH_RSA	3DES	SHA-1
SSL_DH_DSS_WTTH_DES_CBC_SHA	DH_DSS	DES	SHA-1

续表

密码套件	密钥交换	加密	散列
SSL_DH_DSS_WTTH_3DES_EDE_CBC_SHA	DH_DSS	3DES	SHA-1
SSL_FORTEZZA_DMS_WTTH_NULL_SHA	Fortezza	NULL	SHA-1
SSL_FORTEZZA_DMS_WTTH_FORTEZZA_CBC_SHA	Fortezza	Fortezza	SHA-1
SSL_FORTEZZA_DMS_WTTH_RC4_128_SHA	Fortezza	RC4	SHA-1

注意 DH 是固定 Diffie-Hellman，DHE 是暂时 Diffie-Hellman 而 DH-anon 是匿名 Diffie-Hellman。

8.1.6 压缩算法

像我们以前讲的那样，压缩在 SSLv3 中是可选的。不需要为 SSLv3 定义一种特殊的压缩算法。所以，缺省的压缩方法就是无效。不过，一个系统可以用它想用的任何压缩算法。

8.1.7 加密参数的生成

为了获得信息的完整性和机密性，SSL 需要有六个加密秘密、四个密钥和两个 IV。为了信息的可信性，客户需要一个密钥(HMAC)，为了加密要有一个密钥，为了分组加密要有一个 IV。服务器也是这样。SSL 需要的密钥是单向的，不同于那些在其他方向上的密钥。如果在一个方向上有一个攻击，这种攻击在别的方向上并没有影响。参数是运用下面的过程生成的：

(1)客户和服务器交换两个随机数：一个是由客户创建的，另一个是服务器创建的。

(2)客户和服务器运用一个我们前面讨论过的密钥交换算法，交换一个预备主秘密。

(3)运用两个散列函数(SHA-1 和 MD5)，从预备主秘密创建一个 48 字节的主秘密，如图 8-8 所示。

(4)通过使用相同的散列函数集，并且如图 8-9 那样预先设定不同的常数，就可以用主秘密创建可变长度的密钥材料。这个模型要一直重复，直到创建出足够大的密钥材料。

注意，密钥材料分组的长度依赖于所选择的密码套件和这种套件所需要的密钥的大小。

(5)从密钥材料中提取 6 个不同的密钥，如图 8-10 所示。

8.1.8 会话和连接

SSL 可以区别会话和连接。这里我们详细说明一下这两个词语。会话是客户和服务器之间的连接。会话建立起来以后，通信双方就有了像会话标识符、验证通信双方的每一方的证书(如果需要)、压缩方法(如果需要)、密码套件和主秘密这种普通信息，这些信息都是用来为信息验证加密创建密钥的。

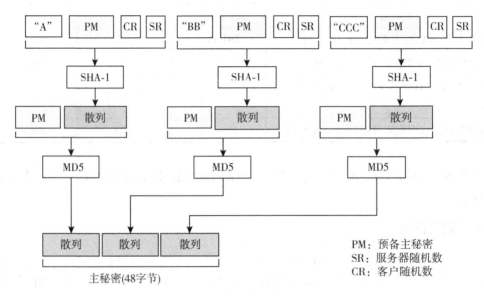

图 8-8   从预备主秘密计算主秘密

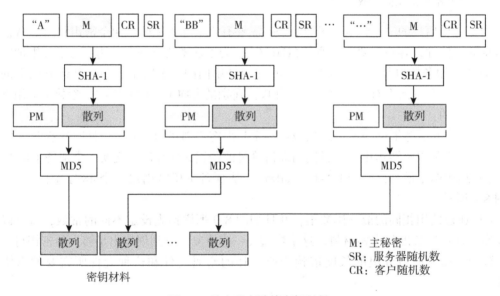

图 8-9   从主秘密计算密钥材料

为了在两个实体之间交换信息，必须要建立一个会话，不过这还不够，在它们之间还要创建一个连接。两个实体要交换两个随机数，并且要使用主秘密，为了交换涉及验证和秘密的信息，创建密钥和参数。

会话可以包含许多连接。一个通信双方之间的连接可以在相同的会话中被终止或重建。当一个连接被终止时，通信双方也可以终止会话，但是，那不是强制的。会话可以被

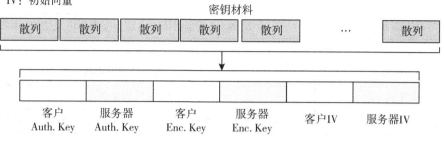

图 8-10 从密钥材料中提取加密秘密

挂起也可以重新恢复。

为了创建一个新的会话，通信双方要通过一个协商的过程。为了恢复一个过去的会话并且只创建一个新的连接，通信双方可以跳过部分协商过程，进行一个短的协商。会话恢复后，就不需要创建主秘密了。

把会话和连接分开，避免了创建主秘密时的高代价。通过暂停或恢复一个会话，就可以取消主秘密的计算过程。会话中会话和连接的概念如图 8-11 所示。

在一个会话中，通信的一方具有客户的职责和服务器的其他职责；在连接中，通信双方都具有相同的职责，它们是同等的。

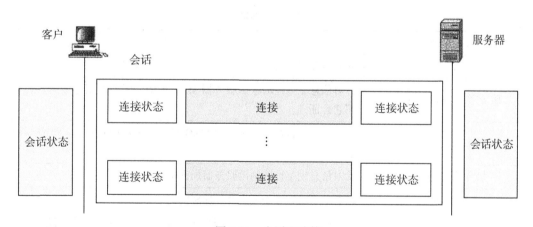

图 8-11 会话和连接

1. 会话状态

会话是由会话状态、服务器和客户之间建立的参数集定义的。一个会话状态的参数表如表 8-2 所示。

表 8-2   会话状态参数

参　　数	描　　述
会话 ID	一个服务器选择 8 比特数确定一个会话
对等证书	一个 X509.v3 类型的证书。这个参数也许是空的(无效)
压缩方法	压缩方法
密码套件	经过协议的密码套件
主秘密	48 字节的秘密
是否可以恢复	在一个过去的会话中是否允许新连接的一个是或否的标志

2. 连接状态

连接是由连接状态、两个对等的实体之间建立的参数集定义的。一个连接状态的参数表如表 8-3 所示。

SSL 用两种属性来区别加密秘密：写和读。"写"这个词说明对输出信息进行签名和加密的密钥。"读"这个词说明对输入信息进行验证和解密的密钥。注意，客户的写密钥和服务器的读密钥是相同的；客户的读密钥和服务器的写密钥也是相同的。

客户和服务器具有六个不同的加密秘密：三个读秘密和三个写秘密。

客户的读秘密和服务器的写秘密是相同的，反之亦然。

表 8-3   连接状态参数

参　　数	描　　述
服务器和客户随机数	服务器和客户为每一个连接选择的一系列字节
服务器写 MAC 秘密	针对信息完整性的输出服务器 MAC 密钥。服务器用它签名；客户用它验证
客户写 MAC 秘密	针对信息完整性的输出客户 MAC 密钥。客户用它签名；服务器用它验证
服务器写秘密	针对信息完整性的输出服务器加密密钥
客户写秘密	针对信息完整性的输出客户加密密钥
初始向量	CBC 模式中的分组密码运用初始向量(IV)，block，在协商过程中，一个初始向量是为每一个密码密钥确定的，运用于第一个分组交换中。来自分组的最后一个密码文本用作文本分组的 IV
序列号	每一部分有一个序列号。序列号从 0 开始并逐渐增加。但不能超过 $2^{64}-1$

8.2 4 个协议

我们已经讨论了 SSL 的概念,但没有说明 SSL 是怎样完成任务的。SSL 在两个层上确定四个协议,如图 8-12 所示。记录协议是传送者,传送来自其他三个协议的信息和来自应用层的数据。来自记录协议的信息是传输层的有效荷载,通常就是 TCP。握手协议为记录协议提供安全参数,建立密钥系列并提供密钥和安全参数。

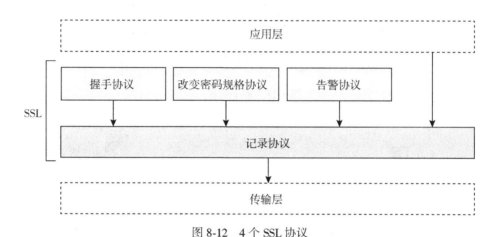

图 8-12 4 个 SSL 协议

如果需要,它也进行从服务器到客户的验证和从客户到服务器的验证。改变密码规格协议用来发出加密秘密准备就绪的信号。告警协议用来报告反常情况。在这一部分中我们简要地讨论一下这些协议。

8.2.1 握手协议

握手协议用信息处理密码套件,如果需要,还可以进行从服务器到客户和从客户到服务器的验证。并且为了建立加密秘密,还可以交换信息。实行握手协议分四个阶段,如图 8-13 所示。

1. 阶段 I:建立安全能力

在阶段 I,客户和服务器宣布它们的安全能力,并选择那些适合双方的安全能力。在这个阶段,要建立一个会话 ID,还要选择密码套件。通信双方在一个特别的压缩方法上要达成协议。最后,选出两个随机数,一个由客户选,一个由服务器选,像我们以前所了解到的那样,用来创建一个主秘密。在这个阶段交换两个信息,ClientHello 和 ServerHello 信息。有关阶段 I 的内容,图 8-14 给出了详细说明。

ClientHello 客户发送 ClientHello 信息。包含如下内容:

(1)客户可以支持的 SSL 最高版本号。

(2)一个用作主秘密生成的 32 字节的随机数(来自客户)。

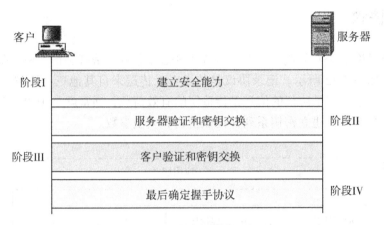

图 8-13　握手协议

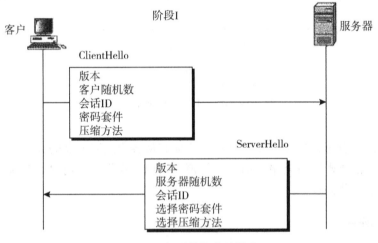

图 8-14　握手协议的阶段 I

（3）一个用来确定会话的会话 ID。

（4）一个确定客户可以支持的算法列表的密码套件。

（5）一个客户可以支持的压缩方法列表。

ServerHello 服务器用 ServerHello 信息应答客户。包含下列内容：

（1）一个 SSL 版本号。这个版本号取两个版本号：客户支持的最高版本号和服务器支持的最高版本号中的较低者。

（2）一个用来生成主秘密的 32 字节的随机数（来自服务器）。

（3）一个确定会话的会话 ID。

（4）从客户列表中选出的密码系列。

（5）从客户列表中选出的压缩方法列表。

阶段 I 后客户和服务器知道了下列内容：

SSL 的版本

密钥交换、信息验证和加密的算法

压缩方法

有关密钥生成的两个随机数

2. 阶段Ⅱ：服务器密钥的交换和验证

在阶段Ⅱ，如果需要，要进行对服务器自身的验证。发送者也许发送其证书、公钥，也许还要向客户请求证书。最后，服务器宣布 ServerHello 过程完成。有关阶段Ⅱ的内容，图 8-15 给出了详细说明。

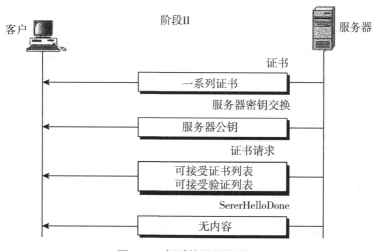

图 8-15　握手协议的阶段Ⅱ

证书　如果需要，服务器发送一个证书信息对自身进行验证。这个信息包含 X.509 类型的证书列表。如果密钥交换算法是匿名 Diffie-Hellman，就不需要证书。

服务器密钥交换　发送证书信息之后，服务器再发送一个服务器密钥交换信息，该信息包含信息对预备主秘密的分配。如果密钥交换方法是 RSA 或固定 Diffie-Hellman，就不需要这个信息。

证书请求　服务器也许会要求客户自身进行验证。这样，服务器就要在阶段Ⅱ发送一个证书请求信息，向客户请求阶段Ⅲ的证书。如果客户使用的是匿名 Diffie-Hellman，服务器就不能向客户请求证书。

ServerHelloDone　阶段Ⅱ的最后信息就是 ServerHelloDone 信息，这个信息是阶段Ⅱ结束和阶段Ⅲ开始的信号。

阶段Ⅱ之后

客户端验证了服务器

如果需要，客户要知道服务器的公钥。

下面我们详细说明一下这一阶段的服务器验证和密钥交换。这一阶段最前面的两个信

161

息是基于密钥交换方法的。如图 8-16 所示，就是我们在前面讨论过的六个方法中的四个。我们没有包含 NULL 方法，因为这种方法没有交换。

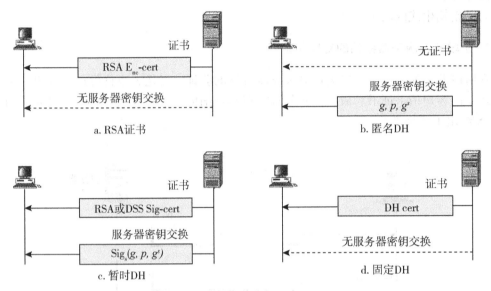

图 8-16　阶段 Ⅱ 的四种情况

RSA　在这种方法中，服务器在它的第一个信息中发送了 RSA 加密/解密公钥证书。不过，因为预备主秘密是由客户在下一个阶段生成并发送的，所以第二个信息是空的。注意，公钥证书会进行从服务器到客户的验证。当服务器收到预备主秘密时，它用私钥进行解密。服务器拥有私钥是一个证据，可以证明服务器是一个它在第一个信息发送的公钥证书中要求的实体。

匿名 DH　在这种方法中，没有证书信息。匿名实体没有证书。在服务器密钥交换信息中，服务器发送 Diffie-Hellman 参数及其半密钥。注意，在这种方法中不验证服务器。

暂时 DH　在这种方法中，服务器要么发送一个 RSA 要么发送一个 DSS 数字签名证书。与证书联系的私钥允许服务器对信息签名，公钥允许接收者对签名确认。在第二个信息中，服务器发送由私钥签名的 Diffie-Hellman 参数和半密钥。还有别的文本也要发送。在这种方法中，服务器在到客户这个方向上要接受验证，这不是因为它发送了证书，而是因为它用私钥对参数和密钥进行了签名。拥有私钥是一个证据，可以证明服务器是一个在证书中要求的实体。如果有一个假冒的副本发送了一个证书给客户，伪称它是证书中要求的服务器，但因为它没有私钥，所以就不能在第二个信息上签名。

固定 DH　在这种方法中，服务器发送一个包含其注册 DH 半密钥的 RSA 或 DSS 数字签名证书。第二个信息是空的。证书是由 CA 的私钥签名的，并且可以由客户用 CA 的公钥验证。也就是说，CA 在到客户这个方向上要接受验证，并且 CA 要求半密钥是属于服务器的。

3. 阶段Ⅲ：客户密钥的交换和验证

阶段Ⅲ是设计用来验证客户的。共有三个信息可以从客户发送到服务器，如图 8-17 所示。

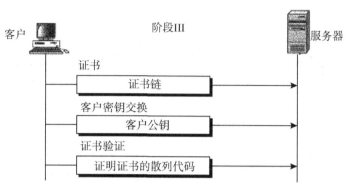

图 8-17 握手协议的阶段Ⅲ

证书 为了对服务器证明自身，客户要发送一个证书信息。注意，格式和在阶段Ⅱ中由服务器发送的证书信息的格式是相同的，但是内容不同。它包含可以证明客户的证书链。只有客户在阶段Ⅱ已经请求了证书，这个信息才发送。如果有证书请求，而且客户没有可发送的证书，它就会发送一个告警信息(后面将要讨论的告警协议的一个部分)携带一个没有证书的警告。服务器也许会继续这个会话，也可能会决定终止。

客户密钥交换 发送证书信息之后，客户再发送一个客户密钥交换信息，这个信息包含它对预备主秘密的贡献。信息的内容基于所用的密钥交换算法。如果密钥交换算法是 RSA，客户就创建完整的预备主秘密并用服务器 RSA 公钥进行加密。如果是匿名 Diffie-Hellman 或暂时 Diffie-Hellman，客户就发送 Diffie-Hellman 半密钥。如果是 Fortezza，客户就发送 Fortezza 参数。如果是固定 Diffie-Hellman，信息的内容就是空的。

证书确认 如果客户发送了一个证书，宣布它拥有证书中的公钥，就需要证实它知道相关的私钥。这对于要阻止一个发送了证书并声称该证书来自客户的假冒者是必需的。通过创建一个信息并用私钥对信息签名，证明它拥有私钥。服务器可以用已经发送的为了确保证书确实属于客户的公钥来确认这个信息。注意，如果证书具有签名能力，即涉及一对密钥(公钥和私钥)时，这种情况也是可能的。固定 Diffie-Hellman 证书不能这样验证。

阶段Ⅲ后，客户要由服务器进行验证。客户和服务器都知道预备主秘密。

我们详细讨论一下这一阶段的客户验证和密钥交换。这一阶段中的三个信息都是基于密钥交换方法的。如图 8-18 所示，就是我们前面讨论过的 6 种方法中的 4 种。同样，没有包括 NULL 方法和 Fortezza 方法。

RSA 这种情况下，除非服务器在阶段Ⅱ有明确的请求，否则没有证书信息。客户密钥交换方法包括在阶段Ⅱ收到的由 RSA 公钥加密的预备主密钥。

匿名 DH 在这种方法中，没有证书信息。因为客户和服务器都是匿名的，服务器没

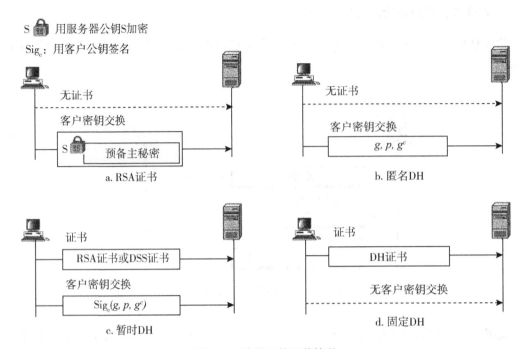

图 8-18 阶段Ⅲ的四种情况

有权利请求证书(在阶段Ⅱ)。在客户密钥交换信息中，服务器发送 Diffie-Hellman 参数及其半密钥。注意，在这种方法中客户不向服务器证明身份。

暂时 DH 在这种方法中，客户通常要有一个证书。服务器需要发送其 RSA 或 DSS 证书(基于双方都同意的密码系列)。在客户密钥交换信息中，客户在 DH 参数及其半密钥上签名并把它们发送出去。通过在第二个信息上签名对客户在到服务器的方向上进行验证。如果客户没有证书，服务器又要请求一个证书，客户就要发送一个告警信息警告客户。如果这是服务器可以接受的，客户就以明文的形式发送 DH 参数和密钥。当然，在这种情况下，客户在服务器这个方向上没有验证。

固定 DH 在这种方法中，客户通常在第一个信息中发送一个 DH 证书。注意，这种方法中，第二个信息是空的。客户是通过发送证书在服务器方向上接受验证的。

4. 阶段 IV：终结与完成

在阶段 IV，客户和服务器发送信息来交换密码说明，并完成握手协议。在这个阶段交换 4 个信息，如图 8-19 所示。

改变密码规格 客户发送一个改变密码规格信息，以此表明它已经把所有的密码套件系列和参数从未定状态和活动状态中移出来了。这个信息实际上是我们将要讨论的改变密码规格协议的一部分。

完成 接下来的一个信息也是由客户发出的。那是一个由客户发出的宣布结束握手协议的完成信息。

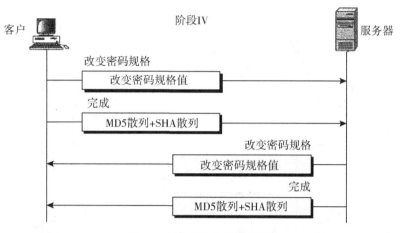

图 8-19　握手协议的阶段 Ⅳ

改变密码规格　服务器发送一个改变密码规格信息，以此来表明它也把所有的密码套件系列和参数从未定状态和活动状态中移出来了。这个信息是我们将要讨论的改变密码规格协议的一部分。

阶段 Ⅳ 之后，客户和服务器都做好了交换数据的准备。

完成　最后，服务器发送一个完成信息，表明握手协议全部完成了。

8.2.2　改变密码规格协议

我们已经了解到在握手协议期间，密码套件的协商和加密秘密生成是逐渐实现的。现在的问题是：通信双方什么时候才可以用这些参数秘密？SSL 规定通信双方直到他们发送或收到一个特殊信息，才可以使用这些参数或秘密，这个特殊信息就是改变密码规格信息，该信息是在握手协议期间交换并且在改变密码规格协议当中规定的。因为问题不仅仅是发送和接收一个信息。发送者和接收者需要的是两个状态而不是一个。一个状态是未定状态，保存参数和秘密。另一个状态是活动状态，保存参数和被记录协议用来签名/确认或加密/解密信息的秘密。此外，每一个状态保存两组值，读(输入)值和写(输出)值。

改变密码规格协议确定在未定状态和活动状态之间移动值的过程。如图 8-20 所示，用一个带有假定值的假定状态来说明这一概念。图中只显示出一部分参数。在改变密码规格信息交换之前，只有未定列有值。

首先，客户发送一个改变密码规格信息。客户发送这个信息后，把写(输出)参数从未定状态移到活动状态。现在客户可以用这些参数对输出信息签名或加密。接收者收到这个信息后，再把读(输入)参数从未定状态移动到活动状态。现在，服务器可以确认这个信息并对其解密。这就表明客户发送的完成信息可以由客户对其签名并加密，并且可以由服务器来确认和解密。

收到来自客户的完成信息后，服务器发送改变密码规格信息。发送这个信息之后，它就把写(输出)参数从未定状态移到活动状态。服务器现在就可以用这些参数来签名或加

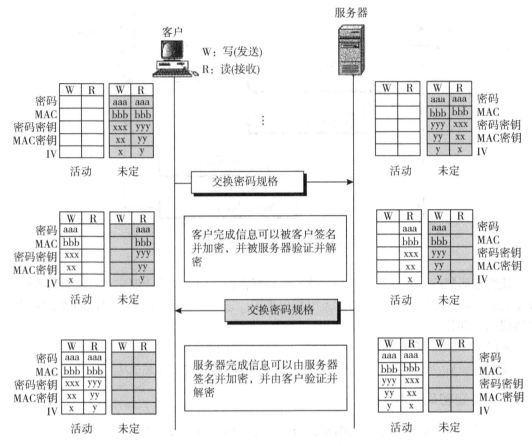

图 8-20 从未定状态到活动状态的参数移动

密输出信息。客户收到这个信息后，它把读(输入)参数从未定状态移动到活动状态。现在，客户就可以确认并解密这个信息了。

当然，交换完成信息后，通信双方可以用读/写活动参数在两个方向上进行通信。

8.2.3 告警协议

SSL 使用告警协议来报告错误和反常状态。它只有一个信息类型，就是告警信息，该信息可以记述同题和问题的级别(警告或致命)。为 SSL 定义的告警信息类型，如表 8-4 所示。

表 8-4   为 SSL 定义的告警协议

值	描　述	意　思
0	关闭通知	发送者将不再发送任何信息
10	意外信息	接收到的不适当信息

值	描　　述	意　　思
20	不良记录 MAC	接收到的不正确 MAC
30	解压失败	不能适当地进行解压
40	握手失败	发送者不能最后确定握手
41	无证书	客户没有证书要发送
42	废证书	接收到的证书是无效的
43	不支持的证书	接收到的证书类型是不被支持的
44	证书撤回	签名者已经撤回证书
45	过期证书	证书已经过期
46	未知证书	未知的证书
47	非法参数	一个超范围或不合适的域

8.2.4　记录协议

记录协议从上一层协议(握手协议、改变密码规格协议、告警协议或应用层)传送信息。这个信息要被打碎并选择压缩;把一个 MAC 加在使用协商的散列算法的压缩信息上。

压缩碎片和 MAC 要用协商的加密算法加密。最后,要把 SSL 文件名加到加密信息上。如图 8-21 所示,就是在发送者这一方的过程。接收者那一方的过程和发送方正好相反。然而,要注意只有当加密参数在活动状态时,这个过程才能完成。在从未定状态到活动状态移动之前发送的信息既没有签名也没有加密。然而,在下一部分中我们将要了解一些握手协议中的信息,这些信息为了获得信息的完整性都使用确定的散列值。

1. 分裂/组合

在发送者这一方,一个来自应用层的信息要分裂为 2^{14} 字节的分组,只是最后的那个分组可能小于这个数。在接收者这一方,碎片要组合起来制作一个原信息的副本。

2. 压缩解压缩

在发送者这一方,所有应用层的碎片都要用在握手协议过程中协商的压缩方法压缩。这种压缩方法需要是无损耗的(解压缩以后的碎片必须是原信息的准确复制)。碎片的大小必须不能超过 1024 字节。有些压缩方法只在预定大小的分组中才能起作用。如果分组的大小小于这个值,就要加一些填充信息。所以,已经压缩的碎片也许会比原信息要大。在接收者这一方,要对压缩碎片解压缩,来创建一个原信息的副本。如果解压缩碎片的大小超过了 2^{14} 字节,就要发送一个致命压缩告警信息。注意,在 SSL 中,压缩和解压缩是可选的。

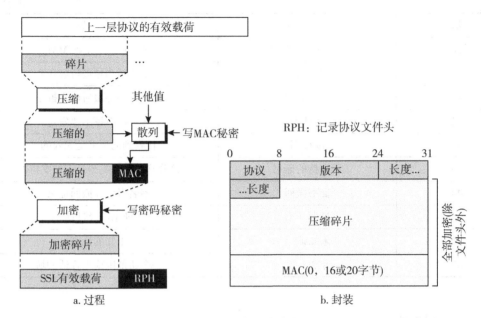

图 8-21　由记录协议完成的过程

3. 签名/确认

在发送者这一方，在握手协议过程中确定的验证方法（NULL，MD5 或 SHA-1）创建签名（MAC），如图 8-22 所示。

要使用两次散列算法。第一次，散列是从下列值串当中创建的：

（1）MAC 写秘密（用于输出信息的验证密钥）

（2）Pad-1 是为 MD5 重复 48 次，为 SHA-1 重复 40 次的 0x36 字节

（3）这个信息的序号

（4）确定提供压缩碎片的上层协议的压缩类型

（5）压缩长度就是压缩碎片的长度

（6）压缩碎片本身

第二次，最终的散列函数是从下列值串创建的：

（1）MAC 写秘密

（2）Pad-2 是为 MD5 重复 48 次，为 SHA1 重复 40 次的 0x5C 字节

（3）散列是从第一步创建的

在接收者这一方，确认是通过计算一个新的散列并把它和已经收到的散列比较来完成的。

4. 加密/解密

在发送者这一方，压缩碎片和散列是用密码写秘密加密的。在接收者这一方，接收到

填充-1：字节0x36(00110110)对MD5重复48次、对SHA-1重复40次
填充-2：字节0x5C(01011100)对MD5重复48次、对SHA-1重复40次

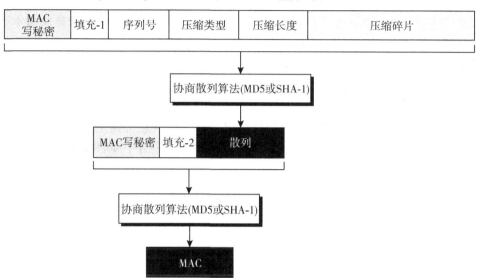

图 8-22　MAC 的计算

的信息是用密码读秘密解密的。对于分组加密来说，要增加附加材料使可加密信息的大小是分组大小的整数倍。

5. 构成/分解

加密以后，记录协议文件头要加在发送者一方。在接收者这一方，解密之前要把文件头去掉。

8.3　SSL 信息构成

正像我们已经讨论过的那样，来自协议的信息和来自应用层的数据要封装在记录协议信息中。也就是说，在发送者这一方，记录协议信息封装 4 种不同来源的信息。在接收者这一方，记录协议解封装这个信息并把它们分发给不同的目标文件。记录协议有一个总文件头，被加在原信息的每一个信息上，如图 8-23 所示。

图 8-23　记录协议的一般文件头

这个文件头中的域列表如下。

协议 这个 1 字节的域确定封装信息的源地址或目的地址。这个域可以用作多路复用或多路分解。值是 20(改变密码规格协议)，21(告警协议)，22(握手协议)和 23(来自应用层的数据)。

版本 这个 2 字节的域确定 SSL 的版本。一个字节是主版本而另一个是次版本。SSL的当前版本是 3.0(主版本是 3，次版本是 0)。

长度 这个 2 字节的域以字节数确定信息的大小(不包含文件头)。

8.3.1 改变密码规格协议

像我们以前提到的那样，改变密码规格协议具有一个信息，就是改变密码规格信息。这个信息只有一个字节，封装在协议值为 20 的记录协议信息中，如图 8-24 所示。

图 8-24 改变密码规格信息

这个信息中的一字节的域称为 CCS，其当前值为 1。

8.3.2 告警协议

像我们以前讨论的那样，告警协议具有一个在过程中报告错误的信息。在协议值为21 的记录协议中的单个信息的封装，如图 8-25 所示。

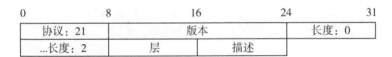

图 8-25 告警信息

告警协议的两个域列表如下。

级别 这个一字节的域确定错误的级别。目前确定出两个级别：预警告的和致命的。

描述 这个一字节的描述确定错误的类型。

8.3.3 握手协议

已经为握手协议确定了几个信息。所有这些信息都有四字节的一般文件头，图 8-26表示出了记录协议文件头和握手协议的一般文件头。注意，协议域的值是 22。

类型 这个一字节的域确定信息的类型。到现在已经确定了十种类型，如表 8-5所示。

图 8-26 握手协议的一般文件头

表 8-5 握手信息的类型

类 型	信 息
0	HelloRequest
1	ClientHello
2	ServerHello
11	证书
12	服务器密钥交换
13	证书请求
14	ServerHelloDone
15	证书验证
16	客户密钥交换
20	完成

长度(Len) 这个三字节的域确定信息的长度(不包括类型的长度和长度域的长度)。读者也许想知道，我们为什么需要两个长度域，一个在一般记录文件头中，一个在握手信息的一般文件头中。答案是，如果中间不需要另一个信息，记录信息也许会同时传送两个握手信息。

1. HelloRequest 信息

HelloRequest 信息是服务器要求客户重新启动会话的请求，但是很少用到。如果服务器认为会话有错误并且需要一个新的会话，就要重新启动会话。例如，如果会话太长，已经对会话的安全性构成了威胁，服务器就会发送这种信息。然后，客户需要发送一个ClientHello 信息，并协商安全参数。如图 8-27 所示，就是这种信息的格式。那是一个类型值为 0 的四字节信息。这个信息没有主体，所以长度域的值也是 0。

2. ClientHello 信息

ClientHello 信息是在握手协议中交换的第一个信息。这种信息的格式如图 8-28 所示。前面我们讨论了类型域和长度域。下面我们再讨论几种其他的域。

版本 这个 2 字节的域表明了所用 SSL 的版本。SSL 的版本是 3.0，TLS 的版本是

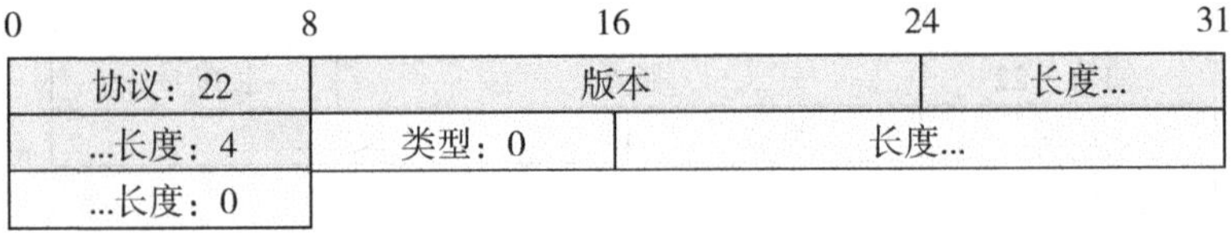

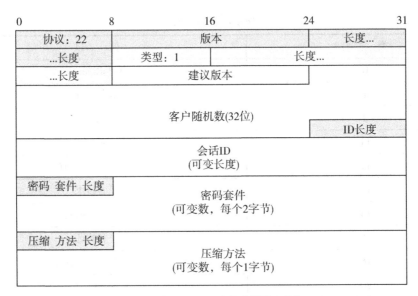

图 8-27　HelloRequest 信息

图 8-28　ClientHello 信息

3.1。注意，版本的值，如 3.0，储存在两个字节中，3 在第一个字节中，0 在第二个字节中。

客户随机数　这个 32 字节的域是客户用来发送客户随机数字的，客户随机数字创建安全参数。

会话 ID 长度　这个 1 字节的域确定会话 ID(下一个域)的长度。如果没有会话 ID，这个域的值就是 0。

会话 ID　当客户开始一个新的会话时，这个可变长度域的值就是 0。会话 ID 是由服务器初始化的。不过，如果客户要恢复一个以前停止了的会话，这个域就可以包含前面确定的会话 ID。这个协议为会话 ID 确定了一个 32 字节的最大值。

密码套件长度　这个 2 字节的域确定客户建议密码套件列表的长度(下一个域)。

密码套件列表　这个可变长度的域给出了客户支持的密码套件列表。这个域列出了从最受欢迎的到最不受欢迎的所有密码套件。每一个密码套件都被编码为一个两字节的数字。

压缩方法长度　这个 1 字节的域确定客户建议压缩方法的长度。

压缩方法列表　这个可变长度的域给出了客户支持的压缩方法列表。这个域列出了从最受欢迎到最不受欢迎的压缩方法。每一种方法都被编码为一个一字节的数字。至此，NULL 方法(非压缩)是唯一的方法。这样，压缩方法长度的值是 1，压缩方法列表只有一个元素的值是 0。

3. ServerHello 信息

ServerHello 信息是服务器对 ClientHello 信息的应答。格式和 ClientHello 信息相同，但是所具有的域更少。这种信息的格式如图 8-29 所示。

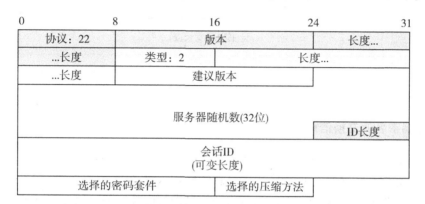

图 8-29　ServerHello 信息

版本域是相同的。服务器随机数字域确定一个由服务器选择出来的值。会话 ID 的长度和会话 ID 的域与 ClientHello 信息当中的相同。不过，除非服务器正在恢复一个旧的会话，会话 ID 通常是空自的(长度通常为 0)。也就是说，如果服务器允许恢复会话 ID，它就会在客户使用的会话 ID 的域中插入一个值(在 ClientHello 信息中)，如果客户希望重新打开一个旧的会话。

选出的密码套件域确定服务器从客户发送的列表中选出的单个密码套件。压缩方法域确定服务器从客户发送的列表中选出的压缩方法。

4. 证书信息

证书信息可以由客户或者服务器发送来列出公钥证书链。证书信息的格式如图 8-30 所示。

类型域的值是 11。信息的主体包含下列域：

证书链的长度　这个三字节的域表示证书的长度。因为这个值总是 3，比长度域的值要小，所以这个域是冗余的。

证书链　这个可变长度的域列出了客户或服务器传送的公钥证书链。对每一个证书来说，都有两个子域。

(1)一个三字节的长度域

(2)可变大小的证书本身

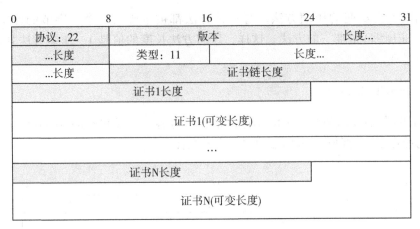

图 8-30 证书信息

5. 服务器密名调交换信息

服务器密钥交换信息是从服务器发送到客户的。它的一般格式如图 8-31 所示。

这个信息包含由服务器生成的密钥。信息的格式依赖于以前的信息中选出来的密钥套件。收到信息的客户要根据先前的信息对这种信息进行解释。如果服务器已经发送了证书信息，那么信息也就会包含签名参数。

6. 证书请求信息

证书请求信息是由服务器发送到客户的。这个信息请求客户用一个可用的证书和该信息当中指定的认证机关向服务器证明它自己。证书请求信息的格式如图 8-32 所示。

图 8-31 服务器密码交换信息

这个类型域的值是 13。信息的主体包括下列域：

证书类型的长度　这个一字节的域表示证书类型的长度。

证书类型　这个可变长度的域给出了服务器接受的公钥证书类型的列表。每个类型是一个字节。

CA 的长度　这个两字节的域给出了认证机关的长度(数据包的其余部分)。

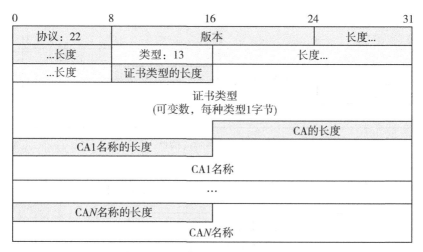

图 8-32 证书请求信息

CAN 名称的长度 这个两字节的域确定第 N 个认证机关名称的长度。它的值可以是在 1~N 之间

CAN 名称 这个可变长度的域确定第 N 个认证机关的长度。N 的值可以是在 1~N 之间。

7. ServerHelloDone 信息

ServerHelloDone 信息是握手协议在第二阶段发送的最后一个信息。该信息指明第二阶段不传送任何额外的信息。信息格式如图 8-33 所示。

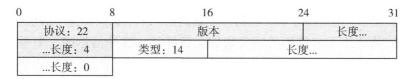

图 8-33 ServerHelloDone 信息

8. 证书确认信息

证书确认信息是第三阶段的最后一个信息。在这个信息中，客户证实它确实持有与公钥证书有关的私钥。为此，客户创建了一个在这个信息之前发送的所有握手信息的散列，用基于客户证书类型的 MD5 或 SHA-1 算法为他们签名。该信息的格式如图 8-34 所示。

如果客户的私钥和 DSS 证书有联系，那么散列就是仅仅基于 SHA-1 算法的并且散列的长度是 20 字节。如果客户的私钥与 RSA 证书有联系，那么就有两个散列(串联的)，一个基于 MD5，另一个基于 SHA-1。总长度就是 16+20＝36 字节。这种散列的计算如图 8-35 所示。

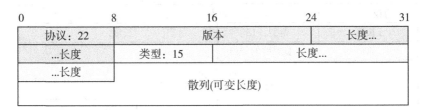

图 8-34　证书确认信息

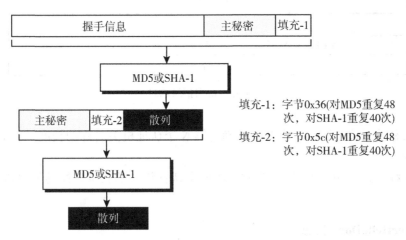

图 8-35　证书确认信息的散列计算

9. 客户密钥交换信息

客户密钥交换信息是在握手的第三阶段发送的第二个信息。在这个信息中客户提供密钥。信息的格式依赖于双方选出的特定密钥交换算法。这种信息的一般概念如图 8-36 所示。

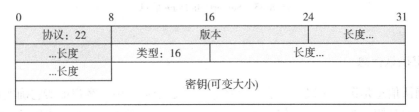

图 8-36　用户密钥交换信息

10. 已完成信息

已完成信息表明协商已经结束。它包含握手期间交换的所有信息，紧跟着的是发送者角色、主秘密和附加材料。准确的格式依赖于所用的密码套件类型。一般格式如图 8-37

所示。

图 8-37 表明在这个信息中有一个两个散列的串。如图 8-38 所示，就是第一个散列的计算。

注意，当客户或服务器发送完成信息时，它已经发送了密码交换规格信息。也就是说，写加密秘密是在活动状态中。客户或服务器可以像处理来自应用层的数据碎片一样处理完成信息。完成信息可以被验证(运用密码套件中的 MAC)并加密(运用密码套件中的加密算法)。

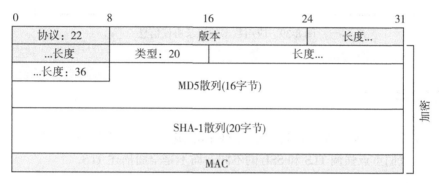

图 8-37 完成信息

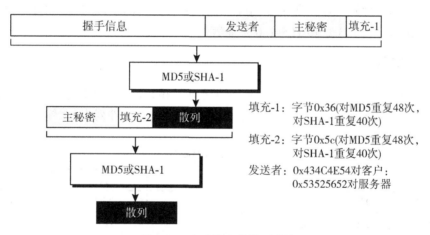

图 8-38 完成信息的散列计算

8.3.4 应用数据

记录协议在来自应用层的碎片的末端(可能是压缩信息)增加一个签名(MAC)，再对这个碎片和 MAC 进行加密。

增加一个协议值为 23 的一般文件头之后，记录信息就被发送了。注意，一般文件头没有加密。这种格式如图 8-39 所示。

图 8-39 应用数据的记录协议信息

8.4 传输层安全

传输层安全(TLS)协议是 SSL 协议的 IETF 标准版本。二者非常相似,只有少许不同。在这一节中,我们重点强调 TLS 和 SSL 的不同,而不是全面描述 TLS。

8.4.1 版本

第一个不同就是版本号(主版本和副版本)。SSL 的当前版本是 3.0;TLS 的当前版本是 1.0。也就是说,SSLv3.0 和 TLSv1.0 是兼容的。

8.4.2 密码套件

SSL 和 TLS 之间的另一个小的不同就是缺乏对 Fortezza 方法的支持。TLS 在密钥交换和加密/解密不支持 Fortezza。表 8-6 所示,就是 TLS 的密码套件列表(无输出项)。

表 8-6   TLS 的密码套件

密码套件	密钥交换	加密	数列
TLS_NULL_WTTH_NULL_NULL	NULL	NULL	NULL
TLS_RSA_WTTH_NULL_MD5	RSA	NULL	MD5
TLS_RSA_WTTH_NULL_SHA	RSA	NULL	SHA-1
TLS_RSA_WTTH_RC4_128_MD5	RSA	RC4	MD5
TLS_RSA_WTTH_RC4_128_SHA	RSA	RC4	SHA-1
TLS_RSA_WTTH_IDEA_CBC_SHA	RSA	IDEA	SHA-1
TLS_RSA_WTTH_DES_CBC_SHA	RSA	DES	SHA-1
TLS_RSA_WTTH_3DES_EDE_CBC_SHA	RSA	3DES	SHA-1
TLS_DH_anon_WTTH_RC4_128_MD5	DH_anon	RC4	MD5
TLS_DH_anon_WTTH_DES_CBC_SHA	DH_anon	DES	SHA-1

续表

密码套件	密钥交换	加密	数列
TLS_DH_anon_WTTH_3DES_EDE_CBC_SHA	DH_anon	3DES	SHA-1
TLS_DHE_RSA_WTTH_DES_CBC_SHA	DHE_RSA	DES	SHA-1
TLS_DHE_RSA_WTTH_3DES_EDE_CBC_SHA	DHE_RSA	3DES	SHA-1
TLS_DHE_DSS_WTTH_DES_CBC_SHA	DHE_DSS	DES	SHA-1
TLS_DHE_DSS_WTTH_3DES_EDE_CBC_SHA	DHE_DSS	3DES	SHA-1
TLS_DH_RSA_WTTH_DES_CBC_SHA	DH_RSA	DES	SHA-1
TLS_DH_RSA_WTTH_3DES_EDE_CBC_SHA	DH_RSA	3DES	SHA-1
TLS_DH_DSS_WTTH_DES_CBC_SHA	DH_DSS	DES	SHA-1
TLS_DH_DSS_WTTH_3DES_EDE_CBC_SHA	DH_DSS	3DES	SHA-1

8.4.3 加密秘密的生成

在 TLS 中加密秘密的生成比在 SSL 中更为复杂。TLS 首先确定两个函数：数据扩展函数和伪随机函数。我们讨论一下这两种函数。

1. 数据扩展函数

数据扩展函数(dataexpansion function)运用预先确定的 HMAC(MD5 和 SHA-1 中的任意一个)扩展一个秘密使其加长。这种函数可以认为是一个多层函数，这里每一个部分都要创建一个散列值。扩展了的秘密就是散列值的串。每个部分运用两个 HMAC，一个是秘密，一个是种子。数据扩展函数是由和所要求的数量相同的部分组成的串。不过，为了使后面的部分依赖于前面的，第二个种子实际上是前面那个部分的第一个 HMAC 的输出，如图 8-40 所示。

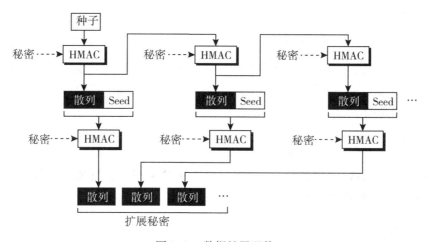

图 8-40 数据扩展函数

2. 伪随机函数(PRF)

TLS 确定一个伪随机函数(PRF)作为两个数据扩展函数的组合，一个运用 MD5，另一个用 SHA-1。PRF 接收三个输入，一个秘密、一个标签和一个种子。标签和种子是串联的并且作为种子为每一个数据扩展函数服务。秘密被分成两部分；每一部分用作每一个数据扩展函数的秘密。对两个数据扩展函数的输出一起进行异或处理，以便创建最终扩展秘密。注意，因为从 MD5 和 SHA-1 创建的散列的大小是不同的，必须要创建 MD5 函数的额外部分才能使两个输出的大小相同。如图 8-41 所示，这就是 PRF 的概念。

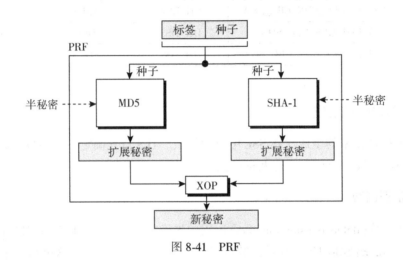

图 8-41　PRF

3. 预备主秘密

在 TLS 中预备主秘密的生成过程和在 SSL 中完全相同。

4. 主秘密

TLS 运用 PRF 函数，从预备主秘密创建主秘密。这是通过运用预备主秘密作为秘密，串"主秘密"作为标签，客户随机数字和服务器随机数连成的串作为种子获得的。注意，标签实际上是串"mastersecret"的 ASCII 码。也就是说，标签确定我们要创建的输出，也就是主秘密。如图 8-42 所示，就是这个概念。

5. 密钥材料

TLS 运用 PRF 函数从主秘密创建密钥材料。这时秘密是主秘密，标签是串"密钥扩展"，而种子是服务器随机数和客户随机数连成的串，如图 8-43 所示。

8.4.4　告警协议

除 NoCertificate 以外，TLS 支持所有在 SSL 中确定的告警。TLS 也在列表当中增加一

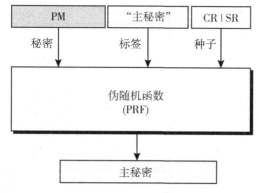

PM：预备主秘密
CR：客户随机数
SR：服务器随机数
|：连接

图 8-42 主秘密的生成

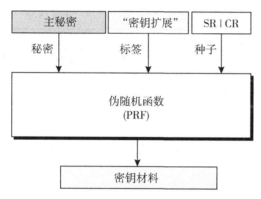

CR：客户随机数
SR：服务器随机数
|：连接

图 8-43 密钥材料的生成

些新的成分。如表 8-7 所示，就是 TLS 支持的告警的全列表。

表 8-7   **TLS 的确定的告警**

值	描　述	含　义
0	关闭通知	发送者将不再发送任何信息
10	意外信息	接收到的不适当信息
20	不良记录 MAC	接收到的不正确 MAC
21	解密失败	解密信息无效
22	记录溢出	信息的长度大于 $2^{14}+2048$
30	解压失败	不能适当地对信息进行解压
40	握手失败	发送者不能最终完成握手
42	不良证书	接收到的证书无效
43	不支持的证书	接收到证书类型是不被支持的
44	证书撤回	签名者已经撤回证书

续表

值	描　　述	含　　义
45	过期证书	证书已经过期
46	未知证书	未知的证书
47	非法参数	一个超范围或与其他参数不一致的域
48	未知 CA	不能确定的 CA
49	访问拒绝	不希望继续协商
50	解码错误	收到的信息不能被解码
51	解密错误	密文是缺损的
60	出境限制	遵循美国规范的问题
70	协议版本	协议版本是不支持的
71	不够安全	需要有更安全的密码套件
80	内部错误	本地错误
90	客户取消	一方希望取消协商
100	非重新协商	服务器不对握手进行重复协商

8.4.5　握手协议

TLS 已经在握手协议当中造成了一些改变。特别是改变了证书验证信息和完成信息的一些细节。

1. 证书验证信息

在 SSL 当中，运用于证书验证信息当中的散列是握手信息加一个 pad 和主密钥的两步散列。TLS 把这个过程简化了。TLS 中的散列仅建立在握手信息上，如图 8-44 所示。

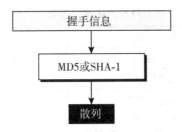

图 8-44　TLS 中证书验证信息的散列

2. 完成信息

完成信息的散列计算也已经发生了改变。TLS 运用 PRF 计算用于完成信息的两个散列，如图 8-45 所示。

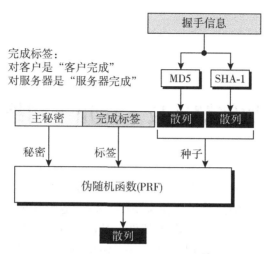

图 8-45　TLS 中完成信息的散列

8.4.6　记录协议

在记录协议中仅有的改变就是为信息签名的 HMAC 的应用。TLS 运用 MAC 来创建 HMAC，TLS 也增加一个协议版本(称为压缩版本)到要签名的文本中。如图 8-46 所示，就是形成 HMAC 的方法。

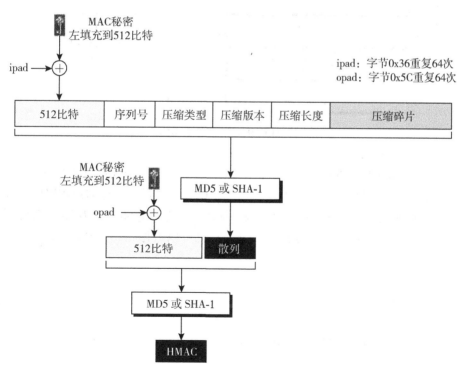

图 8-46　TLS 中的 HMAC

9 加密解密技术应用于网络层

前面两章，我们已经讨论了在应用层和传输层上的安全性。不过，在某种情况下上述两个层上的安全也许是不够的。首先，在应用层上并不是所有客户/服务器程序都受到了保护。例如，PGP 和 S/MIME 只保护电子邮件。其次，并不是所有应用层的程序都使用由 SSL 或 TLS 保护的服务，有一些程序使用的是 UDP 服务。再者，许多应用直接使用 IP 服务，它们需要的是在 IP 层上的安全服务。

IP 安全(IPSec)是一个由互联网工程任务组设计的协议的组合，用来为网络层的数据包提供安全。互联网上的网络层通常是指互联网协议或 IP 层。IPSec 帮助 IP 层建立可信数据包和机密数据包，如图 9-1 所示。

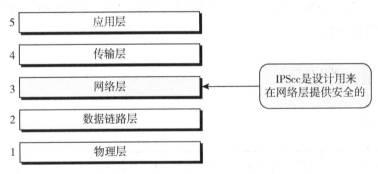

图 9-1　TCP/IP 协议套件和 IPSec

IPSec 可以运用在几个领域。首先，它可以增强那些如电子邮件这类使用自己本身的安全协议的客户/服务器程序的安全性。第二，它还可以增强那些像 HTTP 那样的客户/服务器程序的安全性，这些程序都使用由传输层提供的安全。它还可以为那些不使用传输层提供的安全服务的客户/服务器程序提供安全。它也可以为像路由选择协议一样的点对点通信程序提供安全。

9.1　两种模式

IPSec 是在两种不同模式的一种当中起作用，即传输模式或隧道模式。

1. 传输模式

在传输模式中，IPSec 保护从传输层传递到网络层的信息。也就是说，传输模式保护网络层的载荷，且这种载荷在网络层还要封装起来。

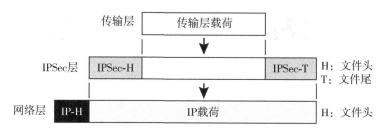

图 9-2 传输模式中的 IPSec

注意，传输模式不保护 IP 文件头。也就是说，传输模式不保护整个的 IP 数据包，它只保护来自传输层的数据包(IP 层载荷)。在这种模式中，要把 IPSec 文件头(和尾)加到来自传输层的信息上。IP 文件头是后来加上去的。

传输模式下的 IPSec 不能保护 IP 文件头；只能保护来自传输层的信息。

当我们需要主机到主机(端到端)的数据保护时，通常就会使用传输模式。发送端主机使用 IPSec 对从传输层上传递过来的载荷进行验证和/或加密。接收端的主机使用 IPSec 检验 IP 数据包的可信性和/或对数据包进行解密，再把它发送到传输层。图 9-3 所示，就是这个概念。

图 9-3 正在起作用的传输模式

2. 隧道模式

在隧道模式中，IPSec 保护整个的 IP 数据包。它接收一个包括文件头的 IP 数据包，并对整个的数据包使用 IPSec 安全方法，然后再在这个数据包上加一个新的 IP 文件头。如图 9-4 所示。

我们简单地了解一下这个新的 IP 文件头，它具有和原 IP 文件头不同的信息。隧道模式通常使用在主机到路由器的路由器或路由器到主机的路由器上，如图 9-5 所示。也就是说，当发送者和接收者不都是主机的时候，才用隧道模式。整个的原数据包都要保护起来，以免在发送者和接收者之间遭受入侵，就好像整个的数据包在通过一个假想的隧道

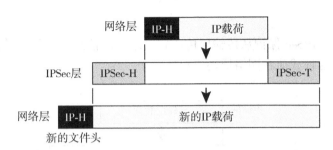

图 9-4　隧道模式中的 IPSec

一样。

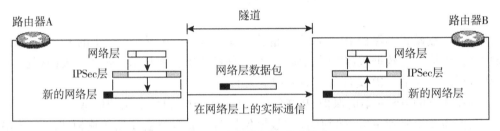

图 9-5　正在起作用的隧道模式

隧道模式中的 IPSec 保护原 IP 文件头。

比较

在传输模式中，IPSec 层出现在传输层和网络层之间。在隧道模式中，流是从网络层到 IPSec 层，然后再返回到网络层。如图 9-6 所示，就是这两种模式的比较。

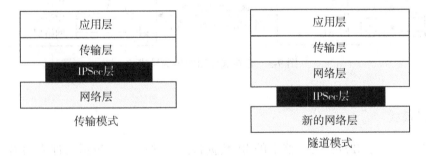

图 9-6　传输模式与隧道模式

9.2　两个安全协议

IPSec 定义两种协议：验证文件头(AH)协议和封装安全载荷(ESP)协议。其目的是在 IP 层上为数据包提供验证和/或加密。

9.2.1 验证文件头(AH)

验证文件头(AH)协议是设计用来验证源主机的,并确保在 IP 数据包中传输的有效载荷的完整性。该协议用散列函数和一个对称密钥来创建一个信息摘要,再把摘要插入到验证文件头中。根据这种模式(传输或隧道),再把 AH 放到适当的位置。图 9-7 表示出了传输模式中,验证文件头的位置和域。

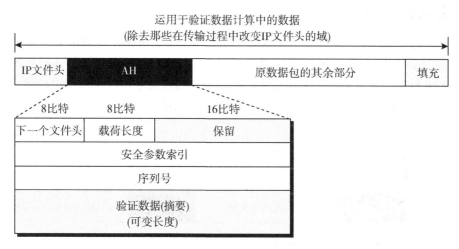

图 9-7 验证文件头(AH)协议

当 IP 数据包传输验证文件头时,IP 文件头协议域中的初始值就被值 51 取代。验证文件头当中的一个域(下一个文件名域)保存协议域(数据报所传输载荷的类型)的初始值。下面就是增加一个验证文件名的步骤:

(1)把验证文件头加到验证数据域的值设置为 0 的载荷上。

(2)也许还要增加一些填充,使得总长度和特殊的散列算法相一致。

(3)散列处理是基于整个数据包的。不过,只有那些在传输过程中不发生改变的 IP 文件头的域包含在这种信息摘要(验证数据)的计算中。

(4)验证数据要插入到验证文件头中。

(5)把协议域的值改变为 51 后,加上 IP 文件头。

下面我们就把每一个域简单描述一下:

下一个文件头 下一个 8 比特的文件头域定义在 IP 数据包(如 TCP、UDP、ICMP 或 OSPE)中传输的有效载荷的类型。在封装之前,它和 IP 文件头中的协议域的作用是相同的。也就是说,这个过程把 IP 数据包中协议域的值复制到这个域中了。

在新的数据包中协议域的值现在是 51,表明该数据包传了一个验证文件头。

有效载荷长度 这个 8 比特域的名称容易引起误解。它并不定义有效载荷的长度,它只在 4 字节的域中定义验证文件头的长度,但是并不包括第一个 8 字节。

安全参数索引 这个 32 比特的安全参数索引(SPI)域起虚拟电路标识符的作用,并且与称为安全关联(后面讨论)的一个连接中发送的所有数据包相同。

序列号 一个 32 比特的序列号为一个数据包序列提供有序信息。序列号可以用来预防重放。注意,即使重新传输一个数据包,序列号也不能重复使用。一个序列号达到 2^{32} 后,就不能再返回来了,必须要建立一个新的连接。

验证数据 最后,除非验证数据域在传输过程中改变(如生存时间),否则它就是对 IP 数据包使用散列函数的结果。

AH 协议提供源验证和数据完整性,但不提供机密性。

9.2.2 封装安全载荷(ESP)

AH 协议不提供机密性,只提供源验证和数据完整性。IPSec 后来定义了一个选择性协议:封装安全载荷(ESP),这个协议提供源验证、信息完整性和机密性。ESP 加一个文件头和一个文件尾。注意,ESP 的验证数据要加在数据包的末尾,这样就可以使它的计算更容易。如图 9-8 所示,就是 ESP 文件头和文件尾的位置。

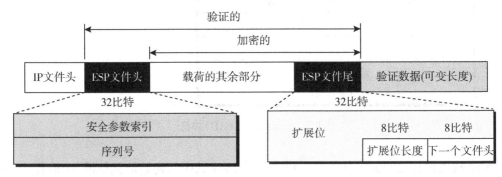

图 9-8 ESP

在 IP 数据包传输一个 ESP 文件头和文件尾的时候,IP 文件头中的协议域的值是 50。ESP 文件尾中的一个域(下一个文件头域)保存协议域(由 IP 数据包传输的有效载荷的类型,如 TCP 或 UDP)的初始值。ESP 程序遵循以下步骤:

(1)把一个 ESP 文件尾加在有效载荷上。

(2)对有效载荷和文件尾加密。

(3)加上 ESP 文件名。

(4)运用 ESP 文件头、有效载荷和 ESP 文件尾创建验证数据。

(5)把验证数据加在 ESP 文件屋的末尾。

(6)协议值改变为 50 后,加上文件头。

文件头域和文件尾域如下。

安全参数索引 这个 32 比特的安全参数索引域与由 AH 协议定义的域相同。

序列号 这个 32 比特的序列号域与 AH 协议定义的域相同。

扩展位 把可变长度的域(0~255 字节)当做扩展位。

扩展位长度 这个 8 比特的附加长度域确定扩展位的数目。其值为 0~255,很少出现最大值。

下一个文件头 这个 8 比特的下一个文件头域与在 AH 协议中定义的域相同。在封装之前，它的作用和 IP 文件头中的协议域相同。

验证数据 最后，验证数据域是把验证方案应用于数据包的某些部分的结果。要注意 AH 中和 ESP 中验证数据的不同。在 AH 中，IP 文件头的部分包含在验证数据的计算中；在 ESP 中，则不是这样。

ESP 提供源验证、数据完整性和机密性。

9.2.3 IPv4 和 IPv6

IPSec 支持 IPv4 和 IPv6。不过，在 IPv6 中，AH 和 ESP 是扩展文件头的部分。

9.2.4 AH 和 ESP

ESP 协议是在 AH 协议投入使用以后才设计出来的。不管 AH 是否具有附加的作用（机密），ESP 总是起作用的。问题是，我们为什么需要 AH 呢？答案是我们不需要。不过，AH 的使用总是包含在一些商业性的产品中，这就意味着 AH 还将保留在互联网的部分中，直到这些商业产品逐步停止。

9.2.5 IPSec 提供的服务

两个协议，AH 和 ESP，都可以为互联网上的数据包提供几种安全服务。如表 9-1 所示，就是对每一种协议都可用的服务列表。

表 9-1　　　　　　　　　　　　　　　IPSec 服务

服　　务	AH	ESP
访问控制	是	是
信息验证(信息完整性)	是	是
实体验证(数据源验证)	是	是
机密性	不	是
重放攻击防护	是	是

1. 访问控制

IPSec 运用安全关联数据库(SAD)间接地提供访问控制，我们在以后将要了解到。当一个数据包到达目的端时，如果还没有为这个数据包建立安全关联，那这个数据包就被丢弃了。

2. 信息完整性

信息完整性是保存在 AH 和 ESP 中的。数据摘要是由发送者创建并发送的，由接收者检查。

3. 实体验证

发送者发出来的安全关联和数据的密钥散列摘要，可以在 AH 和 ESP 中验证数据的发送者。

4. 机密性

在 ESP 中，信息的加密提供了机密性。不过，AH 不提供机密性。如果需要机密性，我们就应当使用 ESP，而不是 AH。

5. 重放攻击的防护

在这两种协议中，都是通过使用序列号和滑动接收窗口来避免重发攻击的。安全关联建立后，每一个 IPSec 文件头只包含一个唯一的序号。这个数字从 0 开始，直到 $2^{32}-1$（序号域的大小是 32 比特）。当序号达到最大值时，再重新设置为 0，同时，要删除旧的安全关联（参看下一部分），要建立新的安全关联。为了避免处理重复数据包，IPSec 要求在接收者这一方使用固定大小的窗口。窗口的大小是由接收者用默认值 64 决定的。图 9-9 所示，就是一个重放窗口。固定大小的窗口用 w 表示。遮蔽数据包表示已接收并检查和验证过的数据包。

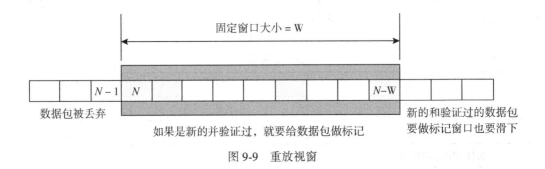

图 9-9　重放视窗

当一个数据包到达接收端时，根据序列号值，下面三件事情当中有一件要发生。

（1）数据包的序列号小于 N。这就把数据包放在了窗口的左端。这样，数据包就被丢弃了。这个数据包要不是重复的，要不就是到达时间超时。

（2）数据包的序列号在 N 和（N+W-1）之间（包含这两个值）。这就把数据包放到了窗口中。这样，如果数据包是新的（没有标记的）并通过了验证测试，序列号是标记过的，数据包就接收。否则，就丢弃。

（3）数据包的序列号大于（N+W-1）。这就把数据包放到了窗口的右侧。这样，如果数据包已经验证，相关序列号是标记过的，并且窗口滑到右侧覆盖了新标记过的序列号。否则，这个数据包就要丢弃。注意，数据包的序列号远大于（N+W）（离窗口的右边缘很远）也是有可能的。这样，窗口的滑动也许会引起许多未标记的数字落在窗口的左侧。这些数据包到达时不能接收，它们已经超时。例如，在图 9-9 中，如果序列号为（N+W+3）的数据包到达，窗口就滑动并且其左侧边缘在（N+3）的开端。这就意味着现在的序列号（N+2）不在窗口中。如果这种序列号的数据包到达，就要丢弃。

9.3　安全关联

安全关联是 IPSec 非常重要的一个方面。在两个主机之间，IPSec 需要有一个称为安全关联（SA）的逻辑关系。在这一部分中，我们首先讨论这个概念，然后说明在 IPSec 中怎样使用安全关联。

9.3.1　安全关联的概念

安全关联是通信双方之间的一个契约，可以在通信双方之间创建一个安全信道。我们假定小红需要与小明进行单向通信。如果小红和小明只对安全方面的机密性有兴趣，他们就可以得到一个他们之间共享的密钥。我们就可以说在小红和小明之间有两个安全关联（SA）：一个是输出 SA，一个是输入 SA。每一种安全关联都把密钥值储存在另一种安全关联的加密/解密算法的名称和变量中。小红运用这种算法和密钥加密发给小明的信息；当需要对来自小红的信息解密时，小明就运用这种算法和密钥。如图 9-10 所示，就是一个简单的 SA。

如果通信双方需要信息的完整性和可信性，就更要涉及安全关联。每一种关联都需要其他数据如信息完整性、密钥和别的参数的算法。如果通信双方针对不同的协议要使用特别的算法和特别的参数，如 IPSecAH 或 IPSecESP，安全关联就会更复杂。

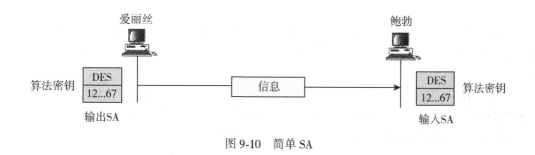

图 9-10　简单 SA

9.3.2　安全关联数据库（SAD）

安全关联可能是非常复杂的。这一点会很明显，例如小红要发送信息给许多人，或小明要从许多人那里接收信息。此外每一方都要既有输入 SA 又有输出 SA，才能进行双向通信。也就是说，我们要有一列可以集中在数据库中的 SA。这个数据库就称为安全关联数据库（SAD）。这个数据库可以认为是一个每一行定义一个单个的 SA 的二维表。通常有两种 SAD，一种是输出，一种是输入。如图 9-11 所示，就是一个实体的输出 SAD 和输入 SAD 的概念。

‹SPI,DA,P›						
‹SPI,DA,P›						
‹SPI,DA,P›						
‹SPI,DA,P›						

安全关联数据库

插图说明：

SPI：安全参数索引	SN：序列号
DA：目的地址	OF：溢出标记
AH/ESP：任意一个的信息	ARW：反重放窗口
P：协议	LT：有效期
模式：IPSec模式标记	MTU：路径MTU(最大传输单位)

图 9-11 SAD

当一个主机要发送一个必须传送 IPSec 文件头的数据包时，主机需要找出输出 SAD 的相关项，这样才能找到应用安全于数据包的信息。同样，当一个主机接收到一个传输 IPSec 文件头的数据包时，主机需要找出输入 SAD 的相关项，才能找到检查数据包安全性的信息。搜索过程必须要是精确而又详细的，因为接收方主机需要确认处理这个数据包所用的是正确的信息。输入 SAD 的项是用三个索引选出来的，这三个索引是：安全参数索引、目的地址和协议。

安全参数索引 安全参数索引是一个 32 比特的数字，在目的端中定义 SA。就像我们后面将要了解到的那样，SPI 是在 SA 判定过程中确定的。相同的 SPI 都包含在属于相同输入 SA 的所有 IPSec 数据包中。

目的地址 第二个索引就是主机的目的地址。我们要记住，一个互联网中的主机通常有一个单播目的地址，但是它可能有几个组播地址。IPSec 要求 SA 对每一个目的地址都是唯一的。

协议 IPSec 具有两种不同的安全协议：AH 和 ESP。为了把运用在每个协议中的参数和信息分开，IPsec 要求目的文件为每一个协议定义一个不同的 SA。

每一行的条目称为 SA 参数。典型的参数如表 9-2 所示。

表 9-2   **典型 SA 参数**

序列号记数器	这是用来为 AH 或 ESP 文件头生成序列号的一个 32 比特的值
序列号溢出	这是用来定义序列号溢出事件位置操作的一个标记
反重放窗口	用来探测输入重放 AH 或 ESP 数据包
AH 信息	这一部分包含 AH 协议的信息： 1. 验证算法 2. 密钥 3. 密钥有效期 4. 其他相关参数

续表

ESP 信息	这一部分包含 ESP 协议的信息： 1. 加密算法 2. 验证算法 3. 密钥 4. 密钥有效期 5. 初始向量 6. 其他相关参数
SA 有效期	定义 SA 的有效期
IPSec 模式	定义传输或隧道的模式
路径 MTU	定义路径 MTU(碎片)

9.4 安全策略

IPSec 的另一个重要方面就是安全策略(SP)，在数据包被发送或到达的时候，安全策略可以定义安全的类型。我们在前面已经讨论过，在应用 SAD 之前，一个主机要为数据包确定预设的策略。

安全策略数据库

每一个使用 IPsec 协议的主机都要有一个安全策略数据库(SPD)，还要有一个输入 SPD 和一个输出 SPD。SPD 中的每一个条目运用下列六种索引都可以访问：源地址、目的地址、名称、协议、源端口和目的端口。如图 9-12 所示。

源地址和目的地址可以是单播地址、组播地址或掩码地址。名称通常可以确定一个 DNS 条目。协议不是 AH 就是 ESP，源端口和目的端就是运行于源主机和目的主机上的程序的端口地址。

索引	方法
<SA,DA,Name,P,SPort,DPort>	
<SA,DA,Name,P,SPort,DPort>	
<SA,DA,Name,P,SPort,DPort>	
<SA,DA,Name,P,SPort,DPort>	

插图说明：

SA：源地址　　SPort：源端口
DA：目的地址　DPort：目的端口
P：协议

图 9-12　SPD

1. 输出 SPD

一个数据包要发送出去时，就要考虑输出 SPD。图 9-13 所示就是发送数据包的过程。

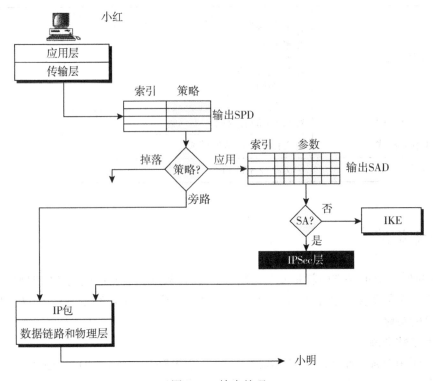

图 9-13 输出处理

对于输出 SPD 的输入是六重索引，输出是下列三种情况之一：

掉落 这就表明由索引确定的数据包不能发送，它掉落了。

旁路 这就意味着没有关于这种策略索引数据包的策略，发送这种数据包时绕过了安全文件头的应用程序。

应用 在这种情况下，要应用安全文件头，两种情况可能会发生。

a. 如果已经建立了一个输出 SA，要把从输出 SAD 中选出相应 SA 的三重 SA 索引返回，就形成了 AH 或 ESP 文件头。加密、验证或加密和验证二者的应用都基于 SA 的选择，数据包就发送。

b. 如果还没有建立输出 SA，就要调用互联网密钥交换（IKE）协议（参看下面这一部分）来为这种传输创建输出 SA 和输入 SA。输出 SA 由源信息加到输出 SAD 上；输入 SA 由目的信息加到输入 SAD 上。

2. 输入 SPD

一个数据包到达时，就要考虑使用输入 SPD。输入 SPD 中的每一个条目都要用相同的六重索引存取。图 9-14 所示，就是接收者处理数据包的过程。

对输入 SPD 的输入是六重索引，输出就是下面三种情况中的一种：

丢弃 这就意味着由安全策略定义的数据包必须要掉落。

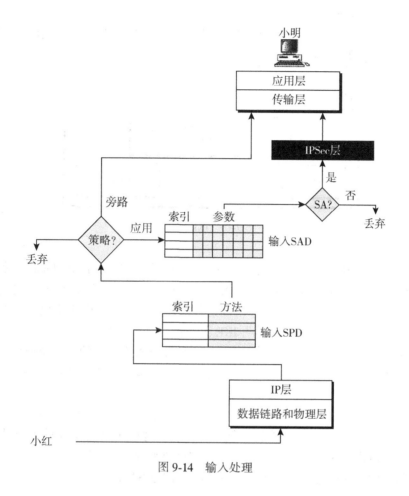

图 9-14 输入处理

旁路 这就意味着对带有这种安全索引的数据包没有安全策略,处理数据包时忽略了来自 AH 或 ESP 文件头的信息。数据包要传送到传输层。

应用 在这种情况下,必须要处理安全文件头。两种情况都有可能发生。

a. 如果已经创建了一个输入 SA,从输出 SAD 中选出相应输入 SA 的三重 SA 索引被返回。解密、验证或二者都要应用。如果数据包通过了安全标准,就要丢弃 AH 或 ESP 文件头,并且要把数据包传送到传输层上。

b. 如果还没有创建一个 SA,那数据包就肯定要丢弃。

9.5 互联网密钥交换(IKE)

互联网密钥交换(IKE)是设计用来创建输入安全关联和输出安全关联的协议。像我们在前面讨论的那样,如果一个同级的客户要发送 IP 数据包,那就要考虑使用安全策略数据库(SPDB),来了解是不是有针对这种传输类型的 SA。如果没有 SA,就要用 IKE 创建一个。

IKE 为 IPSec 创建 SA。

IKE 是一种基于另外三种协议的复杂协议，这三种协议是：Oakley 协议、SKEME 协议和 ISAKMP 协议，如图 9-15 所示。

图 9-15　IKE 成分

Oakley 协议是由 Hilarie Orman 提出来的。这是一种基于 Diffie-Hellman 的密钥交换方法的密钥创建协议，不过我们将要简单了解的这种 Oakley 协议已经有了一些改进。因为 0akley 协议不改变所交换信息的格式，所以这种协议是一种自由格式协议。本章中我们不直接讨论 Oakley 协议，但是我们要说明 IKE 怎样使用这种概念。

SKEME 协议是由 Hugo Krawcyzk 设计的，这是针对密钥交换的另一个协议。在密钥交换协议中，它运用公钥为实体验证加密。我们即将了解到 IKE 使用的一种方法是基于 SKEME 的。

ISAKMP 协议即互联网安全关联和密钥管理协议是由国家安全局（NSA）设计的协议，由 IKE 定义的交换实际上就是由国家安全局执行的。这种协议定义几种可以使 IKE 交换发生在标准化、格式化信息中的数据包，协议和参数来创建 SA 中。

在这一部分中，我们讨论 IKE 本身和为 IPSec 创建 SA 的机制。

9.5.1　改进的 Diffle-Hellman 密钥交换

IKE 中密钥交换的概念是基于 Diffie-Hellman 协议的。在不需要任何以前的秘密存在的情况下，这个协议在两个同等的实体之间提供了一个会话密钥。在前面，我们已经讨论了 Diffie-Hellman 协议，这个概念归纳在图 9-16 中。

在原 Diffie-Hellman 密钥交换中，通信双方创建一个对称会话密钥来交换数据，并且不需要记忆或储存将来使用的密钥。建立对称密钥之前，通信双方需要选择两个数字 p 和 g。第一个数字 p，是一个数量级为 300 个十进制数位（1024 比特）的大素数。第二个数 g，是群 $<Z_p*, x>$ 的一个生成元。小红选择一个大的随机数 i 并计算出 $KE\text{-}I = g^i \bmod p$，她把 KE-I 发送给小明；小明选择另一个大的随机数 r，并计算出 $KE\text{-}R = g^r \bmod p$，他把 KE-R 发送给小红。因为每一个都是由同级的群生成的半密钥，我们把 KE-I 和 KE-R 称为 Diffie-Hellman 半密钥。他们必须联合起来才能创建一个全密钥，这就是 $K = g^{ir} \bmod p$。K 是对话的对称密钥。

Diffie-Hellman 协议有一些缺点，如要把它作为一个互联网密钥交换来使用，就要消除这些缺点。

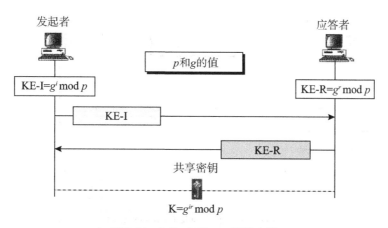

图 9-16 Diffie-Hellman 密钥交换

1. 堵塞攻击

有关协议的第一个问题就是堵塞攻击或拒绝服务攻击。恶意攻击者可以发送许多半密钥($g^x \bmod q$)信息给小明,伪称这些信息来自不同的信息源。然后,小明就要计算不同的应答($g^y \bmod q$),并且同时要计算全密钥($g^{xy} \bmod q$)。这样就会使小明特别忙,就不能对其他信息做出应答。他就拒绝了对客户的服务。因为 Diffie-Hellman 协议在计算方面是精深的,这种情况就有可能发生。

为了避免这种堵塞攻击,我们可以把两个额外的信息加到协议上,来迫使通信双方发送 cookie。图 9-17 明确地表示出了避免 clogging 攻击的方法。cookie 是对同等各方(如 IP 地址、端口号和协议)的唯一标识符进行散列处理的结果,是被生成 cookie 和时间戳的一方知道的秘密随机数。

发起者把它本身的 cookie 发送出去,应答者返回它本身的 cookie。在下列每一个信息中,两个 cookie 都要重复,但并不改变。半密钥和会话密钥的计算要推迟到这个 cookie 返回。如果对等各方的任意一方是一个企图进行堵塞攻击的黑客,cookie 就不会返回了,相关的通信方也就不会花费时间和精力去计算半密钥和会话密钥了。例如,发起者如果是一个使用假 IP 地址的黑客,发起者就收不到第二个信息也不能发送第三个信息了,这个过程就被取消了。

为了避免堵塞攻击,IKE 要使用 cookies。

2. 重放攻击

和我们到目前为止了解的别的协议一样,Diffie-Hellman 也容易遭受重放攻击。来自某个会话的信息在将来的会话中可能被恶意入侵者重放。为了避免这种攻击,我们可以把一个 nonce 加到第三和第四个信息上,来保持信息的更新。

为了避免重放攻击,IKE 要使用 nonces。

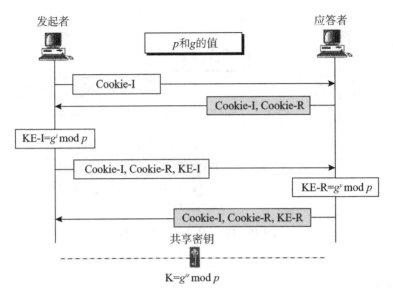

图 9-17 带有 cookies 的 Diffie-Hellman

3. 中间相遇攻击

第三个针对协议的攻击，也是最危险的攻击，就是中间相遇攻击。伊夫可以来到中间，在小红和她自己之间创建一个密钥，并在她和小明之间创建另一个密钥。要阻止她的攻击并不像阻止其他两种攻击那样简单。我们需要对通信的每一方进行验证。小红和小明需要确定信息的完整性是否受到保护，并且双方都要相互进行验证。

信息交换的验证(信息完整性)和所涉及的通信各方(实体验证)的验证要求每一方证明他/她声称的身份。为此，每一方都要证明自己拥有一个秘密。

为了避免中间相遇攻击，IKE 要求每一方都表明它拥有一个秘密。

在 IKE 中，秘密可以是下列某一个：

(1)一个预共享密钥。

(2)一个事先知道的加密/解密公钥对。一个实体必须要表明：一个用公布的公钥加密的信息可以用相关私钥解密。

(3)一个事先知道的数字签名公钥对。一个实体必须表明：它可以用它的私钥给信息签名，这个私钥可以用公布的公钥来验证。

9.5.2 IKE 阶段

IKE 为向 IPSec 一类的信息交换协议创建 SA。不过 IKE 要交换的信息是机密信息和可信信息。什么协议可以为 IKE 本身提供 SA 呢？这就要有一个无终止的 SA 的链：IKE 必须要为 IPSec 创建 SA，协议 X 要为 IKE 创建 SA，协议 Y 要为协议 X 创建 SA，如此等等。为了解决这一难题，同时也为了使 IKE 能够独立于 IPSec 协议，IKE 的设计者把 IKE

分成了两个阶段。在阶段 I 中，IKE 为阶段 II 创建 SA。在阶段 II 中，IKE 为 IPSec 或一些别的协议创建 SA。阶段 I 是一般性的；阶段 II 对协议来说是特别的。

不过，问题依然存在：怎样来保护阶段 I 呢？在下面这些部分中，我们要阐明阶段 I 怎样使用逐渐形成的 SA。早期的信息是在明文当中交换；后来的信息是使用从早期信息当中创建的密钥进行验证和加密的。

9.5.3 阶段和模式

考虑到多种不同的交换，IKE 已经为阶段定义了几种模式。到目前为止，阶段 I 有两种模式：主模式和野蛮模式。阶段 II 只有一种模式就是快速模式。如图 9-18 所示，就是阶段和模式之间的关系。

基于通信双方之间预秘密的本质，阶段 I 的模式可以使用四种不同的验证方法中的一种，这四种验证方法是：预共享密钥方法、源公钥方法、修正的公钥方法或数字签名方法，如图 9-19 所示。

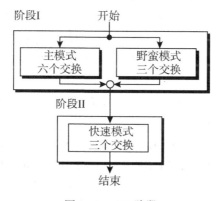

图 9-18　IKE 阶段

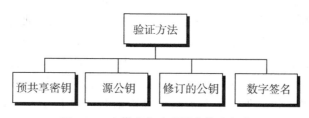

图 9-19　主模式方法或野蛮模式方法

9.5.4 阶段 I：主模式

在主模式中，发起者和应答者要交换六个信息。在前两个信息中，他们要交换 cookies(避免堵塞攻击)并协商 SA 参数。发起者发送一系列的协议；应答者选出其中的一个。交换前两个信息时，发起者和应答者都知道了 SA 参数，并且确信别的通信方存在(没有发生堵塞攻击)。

在第三和第四个信息中，发起者和应答者通常要交换半密钥（Diffie-Hellman 方法的 g^i 和 g^r）和 nonce（为了重放保护）。在某些方法中，也要交换别的信息，这在以后讨论。注意，因为通信双方必须首先确定堵塞攻击是不可能的，所以半密钥和 nonce 不与最初的两个信息一起发送。

交换第三和第四个信息后，通信的每一方都能够计算出除它个人的散列摘要之外，它们之间的普通秘密。普通秘密 SKEYID（密钥 ID）依赖于如下所示的计算方法。在等式中 prf（伪函数）是在协商阶段确定的密钥散列函数。

$$\text{SKEYID} = prf(\text{预共享密钥}, \text{N-I} \mid \text{N-R}) \qquad (\text{预共享密钥方法})$$
$$\text{SKEYID} = prf(\text{N-I}) \mid \text{N-R}, g^{ir}) \qquad (\text{公钥方法})$$
$$\text{SKEYID} = prf(\text{散列}(\text{N-I} \mid \text{N-R}), \text{Cookie-I} \mid \text{Cookie-R}) \qquad (\text{数字签名})$$

其他普通秘密的计算如下

$$\text{SKEYID\_d} = prf(\text{SKEYID}, g^{ir} \mid \text{Cookie-I} \mid \text{Cookie-R} \mid 0)$$
$$\text{SKEYID\_a} = prf(\text{SKEYID}, \text{SKEYID\_d} \mid g^{ir} \mid \text{Cookie-I} \mid \text{Cookie-R} \mid 1)$$
$$\text{SKEYID\_e} = prf(\text{SKEYID}, \text{SKEYID\_a} \mid g^{ir} \mid \text{Cookie-I} \mid \text{Cookie-R} \mid 2)$$

SKEYID_d（导出密钥）是一种创建别的密钥的密钥。SKEYID_a 是验证密钥，SKEYID_e 用作加密密钥，这两种密钥都是在协商阶段使用的。分别计算出每一次密钥交换方法的第一个参数（SKEYID）。第二个参数是不同数据的串联。注意，prf 的密钥总是 SKEYID。

通信双方也计算出两个散列摘要，散列-I 和散列-R，这两种散列摘要都运用在主模式四种方法的三种当中。计算过程如下：

$$\text{散列-I} = prf(\text{SKEYID}, \text{KE-I} \mid \text{KE-R} \mid \text{Cookie-I} \mid \text{Cookie-R} \mid \text{SA-I} \mid \text{ID-I})$$
$$\text{散列-R} = prf(\text{SKEYID}, \text{KE-I} \mid \text{KE-R} \mid \text{Cookie-I} \mid \text{Cookie-R} \mid \text{SA-I} \mid \text{ID-R})$$

注意，第一个摘要运用 ID-I，而第二个摘要运用 ID-R，两个摘要都要用 SA-I，全部的 SA 数据都是由发起者发送的。他们当中没有一个包含由应答者选出的建议。这一想法就是要通过避免入侵者改变信息来保护由发起者发送的建议。例如，入侵者可能会试图发送更易遭受攻击的列表。同样，如果不包含 SA，入侵者也许就会把选出的建议改变为对自己更为有利的形式。注意，在散列计算中，通信的一方不需要知道另一方的 ID。

计算出密钥和散列后，为了对它自己进行验证，通信的每一方都把散列发送给另一方。发起者把散列-I 发送给应答者，作为她是小红的证据。只有小红可以知道验证秘密，也只有她可以计算出散列-I。如果小明后来计算出来的散列-I 与小红发送的散列—I 相匹配，小红就通过了验证。同样，小明也可以通过发送散列-R 向小红验证他自己。

注意，这里有一个微妙的问题。小明在计算散列-I 时，需要有小红的 ID，反之亦然。在有些方法中，ID 由以前的信息发送；在别的方法中，ID 和散列一起发送，这两种情况下散列和 ID 都要用 SKEYID_e 加密。

1. 预共享密钥方法

在预共享密钥方法中，对称密钥用来对同等实体之间作相互验证。如图 9-20 所示，就是主模式中的共享密钥验证。

在最初的两个信息中，发起者和应答者交换 cookie(在一般文件头中)和 SA 参数。在接下来的两个信息中，他们交换半密钥和 nonce。现在，通信双方可以创建 SKEYID 和两个密钥散列(散列-I 和散列-R)。在第五和第六个信息中，通信双方交换创建的散列和他们的 ID。为了保护 ID 和散列，最后的两个信息要用 SKEYID_e 来加密。

注意，预共享密钥是小红(发起者)和小明(应答者)之间的秘密。伊夫(入侵者)不能访问这个密钥。伊夫不能创建 SKEYID，所以既不能创建散列-I 也不能创建散列-R。注意，只有在第五个信息和第六个信息中交换 ID 后，才能计算散列。

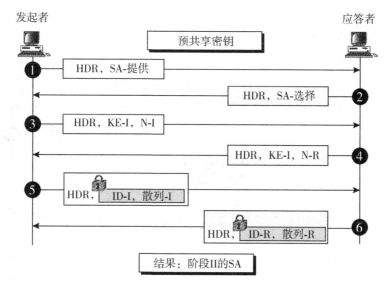

KE-I(KE-R)：发起者(应答者)的半密钥
N-I(N-R)：发起者(应答者)的 nonce
ID-I(ID-R)：发起者(应答者)的 ID
散列-I(散列-R)：发起者(应答者)的散列

HDR：包括 cookie 的一般文件头
用 SKEYID_e 加密

图 9-20 主模式，预共享密钥方法

对于这种方法还有一个问题。除非小明知道预共享密钥，也就是意味着他必须知道小红是谁(知道她的 ID)，他才能解密信息。但是，小红的 ID 是在第五个信息当中加过密的。这种方法的设计者认为这种情况下的 ID 必须是每一方的 IP 地址。如果小红是在一个固定的主机(IP 地址是固定的)上，这就不是问题。不过，如果小红是从一个网络到另一个网络移动的，这就是问题了。

2. 源公钥方法

在源公钥方法中，发起者和应答者通过表明拥有与所公布的公钥相关的私钥来证明自己的身份。如图 9-21 所示，就是使用源公钥方法的信息交换。

就像在前一种方法中那样，最初的两种信息是相同的。在第三种信息中，发起人发送它的半密钥、nonce 和 ID。在第四个信息中，应答者也这样做。不过，nonce 和 ID 要用接

收者的公钥加密，用接收者的私钥解密。就像我们从图 9-21 中看到的那样，nonce 和 ID
要分别加密，因为，我们以后会了解到，他们是从分开的有效载荷中分别编码的。

这种方法和以前的方法之间的一个不同就是，ID 是在第三和第四个信息当中交换的，
而不是在第五个和第六个信息中。第五和第六个信息只传送散列。在这种方法中，
SKEYID 的计算基于 nonce 和对称密钥的散列。nonce 的散列用作密钥 HMAC 函数的密钥。
注意，这里我们有一个双重散列。虽然有 SKEYID，但是散列不是直接依赖于每一方都拥
有的秘密，它们之间的关系是间接的。SKEYID 依赖于 nonce 和仅由接收者私钥（秘密）解
密的 nonce。所以，如果计算出的散列和接收的相匹配，那就证明通信的每一方都和它们
所声称的相符。

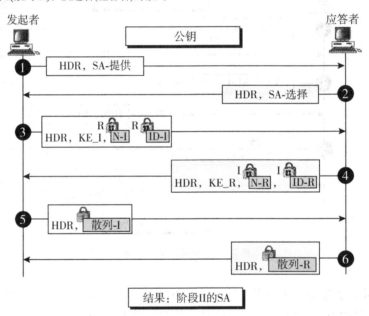

图 9-21　主模式，源公钥方法

3. 修正的公钥方法

源公钥方法有一些缺陷。首先，在公钥加密解密这两种情况下，都给发起者和应答者
增加了很重的负担。第二，发起者不能把由应答者公钥加密过的证书发送出去，因为任何
人都能用一个假的证书这样做。因此就要修正这种方法，使得公钥只能用来创建临时密
钥，如图 9-22 所示。

注意，要从 nonce 和 cookies 的一个散列中创建两个临时密钥。发起者用应答者的公

HDR：包括cookies的一般文件头
KE-I(KE-R)：发起者(应答者)的半密钥
Cert-I(Cert-R)：发起者(应答者)的证书
N-I(N-R)：发起者(应答者)的nonce
ID-I(ID-R)：发起者(应答者)的ID
散列-I(散列-R)：发起者(应答者)的散列

I 用发起者的公钥加密
R 用应答者的公钥加密
R 用应答者的密钥加密
I 用发起者的密钥加密
用SKEYID_e加密

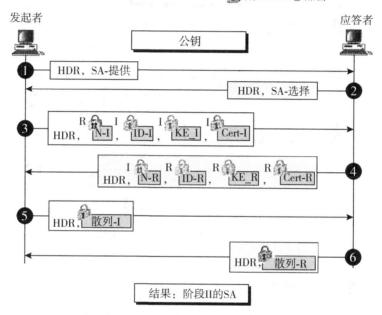

图 9-22 主模式，修正的公钥方法

钥发送其 nonce。应答者解密这个 nonce 并算出发起者的临时密钥。

之后，半密钥、ID 和选择证书都可以被解密。两个临时密钥，K-I 和 K-R 的计算如下：

$$K\text{-}I = prf(N\text{-}I，Cookie\text{-}I) \qquad K\text{-}R = prf(N\text{-}R，Cookie\text{-}R)$$

4. 数字签名方法

在这种方法中，通信的每一方都表明，它拥有和数字签名相关的认证私钥。如图 9-23 所示，就是这种方法中的交换。这与除 SKEYID 计算以外的预公享密钥方法相似。

注意，在这种方法中，证书的发送是选择性的。因为证书可以用 SKEYID_e 加密，所以也可以在这里发送，不过不依赖于签名密钥。在第五个信息中，发起者用其签名密钥，对在第一到第四个信息中交换的所有信息签名。应答者用可以验证发起者的发起者公钥来验证签名。同样，在第六个信息中，应答者对在它的签名密钥中交换的所有信息签名，然后发起者验证这个签名。

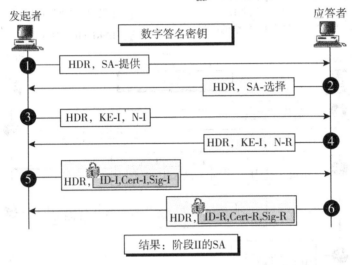

图 9-23　主模式，数字签名方法

9.5.5　阶段 II：野蛮模式

每一种野蛮模式都是相关主模式的压缩版。在这种模式中只交换三个信息，而不是六个。信息 1 和信息 3 组合起来生成了第一个信息。信息 2、信息 4 和信息 6 组合起来生成了第二个信息。信息 5 如第三个信息那样发送出去。概念是相同的。

1. 预共享密钥方法

图 9-24 所示，就是野蛮模式中的预共享密钥方法。注意，收到第一个信息后，应答者可以算出 SKEYID，随后还可以算出散列-R。发起者直到收到第二个信息才能算出 SKEYID。第三个信息中的散列-I 就可以被解密。

2. 源公钥方法

如图 9-25 所示，就是在野蛮模式中，运用源公钥方法进行的信息交换。注意，应答者收到第一个信息后就可以算出 SKEYID 和散列-R，但是发起者要收到第二个信息才行。

3. 修正公钥方法

图 9-26 所示，就是野蛮模式中的修正公钥方法。除了一些组合起来的信息以外，这个概念和在主模式中的概念是相同的。

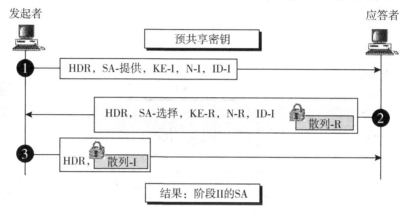

KE-I(KE-R)：发起者(应答者)的半密钥
N-I(N-R)：发起者(应答者)的nonce
散列-I(散列-R)：发起者(应答者)的散列

HDR：包括cookies的一般文件头
🔒用SKEYID_c加密
ID-I(ID-R)：发起者(应答者)的ID

图 9-24　野蛮模式，预共享密钥方法

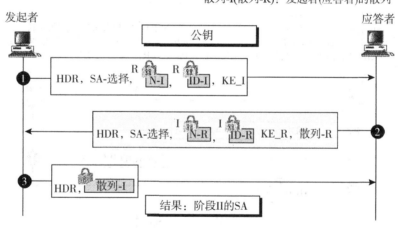

HDR：包括cookies的一般文件头
KE-I(KE-R)：发起者(应答者)的半密钥
N-I(N-R)：发起者(应答者)的nonce
ID-I(ID-R)：发起者(应答者)的ID

I🔒用发起者的公钥加密
R🔒用应答者的公钥加密
🔒用SKEYID_e加密
散列-I(散列-R)：发起者(应答者)的散列

图 9-25　野蛮模式，源公钥方法

4. 数字签名方法

如图 9-27 所示，就是野蛮模式中的数字签名方法。除一些组合起来的信息以外，这个概念和主模式中的概念是相同的。

HDR：包括cookies的一般文件头
KE-I(KE-R)：发起者(应答者)的半密钥
Cert-I(Cert-R)：发起者(应答者)的证书
N-I(N-R)：发起者(应答者)的nonce
ID-I(ID-R)：发起者(应答者)的ID
散列-I(散列-R)：发起者(应答者)的散列

I 🔒 用发起者的公钥加密
R 🔒 用应答者的公钥加密
R 🔒 用应答者的密钥加密
I 🔒 用发起者的密钥加密
🔒 用SKEYID_e加密

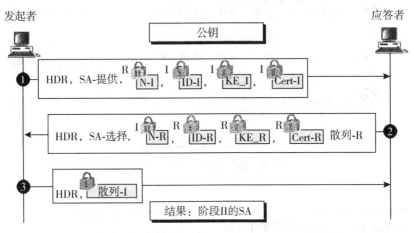

图 9-26　野蛮模式，修正公钥方法

🔒 用SKEYID_e加密
Sig-I(Sig-R)：发起者(应答者)的签名　　　N-I(N-R)：发起者(应答者)的nonce
HDR：包括cookies的一般文件头　　　　　KE-I(KE-R)：发起者(应答者)的半密钥
Cert-I(Cert-R)：发起者(应答者)的证书　　ID-I(ID-R)：发起者(应答者)的ID

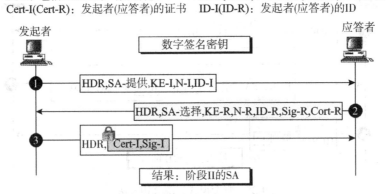

图 9-27　野蛮模式，数字签名方法

9.5.6　阶段Ⅲ：快速模式

无论是在主模式中还是在野蛮模式中，SA 创建后，阶段Ⅱ就可以开始了。迄今为止，在阶段Ⅱ中只定义了一种模式，那就是快速模式。这种模式是在由阶段Ⅰ所创建的 IKESA 监管之下的。不过，每一个快速模式都可以跟随在任意一个主模式或野蛮模式后面。

这种快速模式运用 IKESA 创建 IPSecSA(或任何其他协议的 SA)。如图 9-28 所示,就是在快速模式中交换的信息。

在阶段Ⅱ中,无论哪一方都可以是发起者。那就是说,阶段Ⅱ中的发起者可以是阶段Ⅰ中的发起者或阶段Ⅰ中的应答者。

发起者发出第一个信息,这个信息包含密钥 HMAC 散列 1(后面将作说明),整个的 SA 都是在阶段Ⅰ创建的,包括一个新 nonce(N-I)、一个选择性的新 Diffie-Hellman 半密钥(KE-I)和双方的选择性 ID。第二个信息和第一个信息相似,但是传送的是密钥 HMAC 散列 2 和应答者 nonce(N-R),如果存在的话,Diffie-Hellman 半密钥是由应答者创建的。第三个信息只包含密钥 HMAC 散列 3。

信息要用三个密钥-HMAC 验证:散列 1、散列 2 和散列 3。计算如下:

$$散列 1 = prf(\text{SKEYID\_d}, \text{MsgID} \mid \text{SA} \mid \text{N-I})$$
$$散列 2 = prf(\text{SKEYID\_d}, \text{MsgID} \mid \text{SA} \mid \text{N-R})$$
$$散列 3 = prf(\text{SKEYID\_d}, 0 \mid \text{MsgID} \mid \text{SA} \mid \text{N-I} \mid \text{N-R})$$

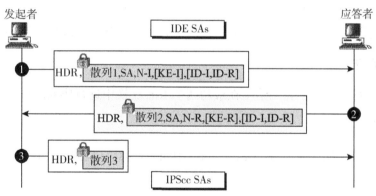

图 9-28 快速模式

每个 HMAC 都包含信息 ID(MsgID),这个信息 ID 是在 ISAKMP 文件头的文件头中使用的。这样就可以在阶段Ⅱ中使用多路技术。MsgID 避免了在阶段Ⅱ中同时创建的信息会相互冲撞。

为了获得机密性,所有三个信息都要使用在阶段Ⅰ中创建的 SKEYID_e 加密。

1. 完美前向安全(PFS)

在阶段Ⅰ中建立 IKESA 并计算出 SKEYID_d 后,快速模式的所有密钥都来自于 SKEYID_d。因为多元的阶段Ⅱ来自于单元的阶段Ⅰ,如果入侵者已经访问了 SKEYD_d,阶段Ⅱ的安全性就面临威胁。为了避免发生这类事情,IKE 允许把完美前向安全(PFS)作为一种选择。在这种选择中,要交换一个附加的 Diffie-Hellman 半密钥,并且在 IPSec 密钥材料(参考下一部分)的计算中要使用结果共享密钥(g^{ir})。如果计算出每一个快速模式的密钥材料后，立即删除 Diffie-Hellman 密钥，那么 PFS 就是有效的。

2. 密钥材料

在阶段 II 的交换之后，创建了一个包含密钥材料的 IPSec 的 SA，我们用 K 表示，这个 SA 可以运用于 IPSec 中。其值是这样求出来的：

$$K = prf(\text{SKEYID\_d}, \text{协议} \mid \text{SPI} \mid \text{N-I} \mid \text{N-R}) \quad （没有 PFS）$$
$$K = prf(\text{SKEYID\_d}, g^{ir} \mid \text{协议} \mid \text{SPI} \mid \text{N-I} \mid \text{N-R}) \quad （没有 PFS）$$

对于选出的特别密码来说，如果 K 的长度太短，就要创建一个密钥序列，每一个密钥都是从前面的那一个导出的，并且要把密钥串联起来，以便生成更长的密钥。我们已经说明了没有 PES 的情形，我们还必须要把 g^{ir} 加到有 PES 的这个例子中。

创建的密钥材料是单向的。因为在每一个方向上所用的 SPI 是不同的，所以每一方都要创建不同的密钥材料。

$$K_1 = prf(\text{SKEYID\_d}, \text{协议} \mid \text{SPI} \mid \text{N-I} \mid \text{N-R})$$
$$K_2 = prf(\text{SKEYID\_d}, K_1 \mid \text{协议} \mid \text{SPI} \mid \text{N-I} \mid \text{N-R})$$
$$K_3 = prf(\text{SKEYID\_d}, K_2 \mid \text{协议} \mid \text{SPI} \mid \text{N-I} \mid \text{N-R})\ldots$$
$$K = K_1 \mid K_2 \mid K_3 \mid \ldots$$

阶段 II 后创建的密钥材料是单向的；每一个方向上都有一个密钥。

9.5.7 SA 算法

在完成这一部分之前，我们给出在最初两个 IKE 交换中进行协商的算法。

1. Diffie-Hellman 群

最初的协商包括用来交换半密钥的 Diffie-Hellman 群。已经定义了五个群，如表 9-3 所示。

表 9-3 **Diffie-Hellman 群**

值	描　　述
1	有一个 768 比特模的模指数群
2	有一个 1024 比特模的模指数群
3	有一个 155 比特域长度的椭圆曲线群
4	有一个 185 比特域长度的椭圆曲线群
5	有一个 1680 比特模的模指数群

2. 散列算法

用来验证的散列算法如表 9-4 所示。

表 9-4 散 列 算 法

值	描　　述
1	MD5
2	SHA
3	Tiger
4	SHA2-256
5	SHA2-384
6	SHA2-512

3. 加密算法

用来增强机密性的加密算法如表 9-5 所示。所有这些通常都是在 CBC 模式中使用。

表 9-5 加 密 算 法

值	描　　述
1	DES
2	IDEA
3	Blowfish
4	RC5
5	3DES
6	CAST
7	AES

9.6 ISAKMP

ISAKMP 协议是设计用来为 IKE 交换传送信息的。

9.6.1 一般文件头

一般文件头的格式如图 9-29 所示。

发起者 cookie 这个 32 比特的域定义实体的 cookie，该实体发起 SA 的建立、SA 的宣告或 SA 的删除。

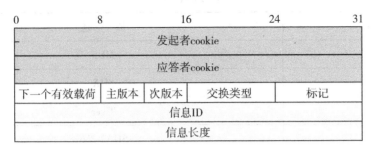

图 9-29　ISAKMP 的一般文件头

应答者 cookie　这个 32 比特的域定义应答实体的 cookie。在发起者发送第一个信息时，这个域的值是 0。

下一个有效载荷　这个 8 比特的域定义直接跟在文件头后面的有效载荷的类型。在下一部分中我们讨论有效载荷的不同类型。

主版本　这个 4 比特的版本定义协议的主版本。当前，这个域的值是 1。

次版本　这个 4 比特的版本定义协议的次版本。当前，这个域的值是 0。

交换类型　这个 8 比特的域定义由 ISAKMP 数据包传送的交换类型。在前面的部分中我们已经讨论了几种不同的交换类型。

标记　这是一个 8 比特的域，其中每一个位确定交换的一个选择。到现在为止,,，只确定了三个最不重要的位。当加密位设置为 1 时，就说明有效载荷的其余部分要用加密密钥和由 SA 确定的算法进行加密。当承诺位设置为 1 时，说明在 SA 建立之前还没有收到加密材料。当验证位设置为 1 时，说明有效载荷的其余部分虽然没有加密，但验证结果信息是完整的。

信息 ID　这个 32 比特的域是唯一的定义协议状态的信息标识。这个域只在协商的第二阶段中使用，并且在第一阶段中要把它设置为 0。

信息长度　因为可以把不同的载荷加到每一个数据包上，对于各个数据包来说信息的长度可以是不同的。这个 32 比特的域确定整个信息的长度，包含文件头和所有有效载荷。

9.6.2　有效载荷

实际上，有效载荷是设计用来传输信息的。表 9-6 所示，就是有效载荷的类型。

表 9-6　　　　　　　　　　　　　　　　有 效 载 荷

类型	名称	简 短 描 述
0	无	用来表示有效载荷的结束
1	SA	用来开始协商
2	建议	包含在 SA 协商期间使用的信息
3	传输	定义一个安全传输来创建一个安全隧道

类型	名称	简 短 描 述
4	密钥交换	用来生成密钥的数据
5	标识	传输对等通信双方的标识
6	证书	传输公钥证书
7	证书请求	用来向他方请求一个证书
8	散列	传输由散列函数生成的数据
9	签名	传输由签名函数生成的数据
10	Nonce	随机传输作为一个 nonce 生成的数据
11	通告	传输错误信息或者与一个 SA 相关的状况
12	删除	传输已经被发送者删除的不止一个的 SA
13	卖主	定义卖主说明扩展

每一个有效载荷都具有一个一般的文件头和一些特殊的域。一般文件头的格式如图 9-30 所示。

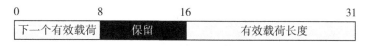

图 9-30　一般有效载荷文件头

下一个有效载荷　这个 8 比特的域识别下一个有效载荷的类型。如果没有下一个有效载荷，这个域的值就是 0。注意，没有当前的有效载荷的类型域。当前有效载荷的类型是由前面的有效载荷或一般文件头决定的(如果有效载荷是第一个)。

有效载荷长度　这个 16 比特的域定义整个有效载荷以字节为单位的长度(包括一般文件头)。

1. SA 有效载荷

SA 有效载荷是用来协商安全参数的。不过，这些参数并不包括在 SA 有效载荷当中；只包括在我们将在后面讨论的两个其他的有效载荷(建议和转换)中。一个 SA 有效载荷后面要跟随一个或更多个建议有效载荷，每一个建议有效载荷后面还要跟一个或多个转换有效载荷。SA 有效载荷只定义解释域和位置域。如图 9-31 所示，就是 SA 有效载荷的格式。

一般文件头中的域我们已经讨论过了。下面我们就说明其他的域：

解释域(DOI)　这是一个 32 比特的域。在阶段 I 中，这个域的一个为 0 的值确定一个一般 SA；为 1 的值确定 IPSec。

位置　这是一个可变长度的域，确定发生协商的位置。

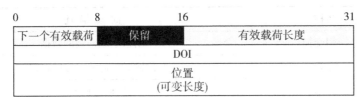

图 9-31　SA 有效载荷

2. 建议有效载荷

协商的机制是由建议有效载荷发起的。虽然它本身没有提出任何参数，但是它定义了协议认证和 SPI。协商的参数是在后面的转换有效载荷中发送的。每一个建议有效载荷都跟随着一个或多个转换有效载荷，这种有效载荷给出了可供选择的参数系列。建议有效载荷的格式如图 9-32 所示。

0	8	16	24	31
下一个有效载荷	保留	有效载荷长度		
建议#	协议ID	SPI大小	转换数	
SPI (可变长度)				

图 9-32　建议有效载荷

一般文件头中的域我们已经讨论过了。下面我们就介绍其他的几种域：

建议#　发起者为建议确定一个数字，以便使应答者可以参考这个数字。注意，一个 SA 有效载荷可以包含几个建议有效载荷。如果所有的建议都属于相同的协议系列，对这个系列中的每一个协议来说，建议数必须是相同的。否则，协议就要具有不同的建议数。

协议 ID　这个 8 比特的域确定协商的协议。例如，IKE 阶段 I = 0，ESP = 1，AH = 2，等等。

SPI 的大小　这个 8 比特的域以字节为单位定 SPI 的大小。

转换数　这个 8 比特的域确定跟在建议有效载荷后面的转换有效载荷的数目。

SPI　这个可变长度的域实际上就是一个 SPI。注意，如果 SPI 不填充这个 32 比特的空间，就不再增加扩展位。

3. 转换有效载荷

转换有效载荷实际上传送 SA 协商的属性。如图 9-33 所示就是转换有效载荷的格式。一般文件头中的域我们已经讨论过了。下面我们说明其他的域：

转换#　这个 8 比特的域定义转换数。如果在建议有效载荷中有多于一个的转换有效载荷，那么每一个有效载荷都必须有它自己的数。

转换 ID　这个 8 比特的域定义有效载荷的标识。

属性 每一个转换有效载荷都可以传送几种属性。每一种属性本身可以有三个或两个子域(参看图9-33)。属性类型子域就像在 Doi 中一样定义属性类型。如果存在的话,属性长度子域定义属性值的长度。属性值在短格式中是两字节,在长格式中是可变长度的。

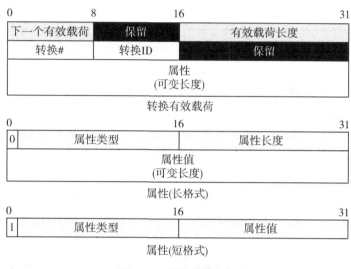

图 9-33 转换有效载荷

4. 密钥交换有效载荷

密钥交换有效载荷运用于需要发送预备密钥来创建会话密钥的交换中。例如,它可以用来发送 Diffie-Hellman 半密钥。如图9-34 所示,就是密钥交换有效载荷的格式。

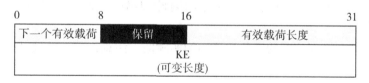

图 9-34 密钥交换有效载荷

一般文件头中的域我们已经讨论过了。下面我们介绍一下 KE 域:KE 这个可变长度的域传送创建会话密钥所需要的数据。

5. 标识有效载荷

标识有效载荷允许实体相互之间发送其身份标识,如图9-35 所示,就是标识有效载荷的格式。

一般文件头中的域我们已经讨论过了,下面就介绍别的几种域:

ID 类型 这个 8 比特的域详细说明并确定所用 ID 的类型。

ID 数据 这个 24 比特的域通常设置为 0。

图 9-35 标识有效载荷

标识数据 每一个实体的实际标识都是在这个可变长度的域中传送的。

6. 证书有效载荷

在交换过程中的任何时间,实体都可以发送证书(针对公共加密/解密密钥或签名密钥)。虽然在这个交换过程中,是否包含证书有效载荷通常是选择性的,但是如果没有可用的安全目录来分配证书,还是要涉及证书有效载荷。如图 9-36 所示,就是证书有效载荷的格式。

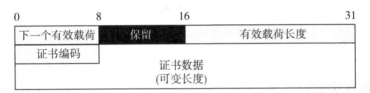

图 9-36 证书有效载荷

我们已经讨论了一般文件头中的域,下面就介绍别的几种域。

证书编码 这个 8 比特的域,定义证书的编码(类型)。如表 9-7 所示,就是到目前为止已经定义的类型。

证书数据 这个可变长度的域传送证书的实际值。注意,前面的域已经决定了这个域的大小。

表 9-7   证 书 类 型

值	类 型
0	无
1	包封的 X.509 证书
2	PGP 证书
3	DNS 签名的密钥
4	X.509 证书——签名
5	X.509 证书——密钥交换

续表

值	类 型
6	Kerberos 记号
7	证书撤回列表
8	权威撤回列表
9	SPKI 证书
10	X.509 证书——属性

7. 证书请求有效载荷

每一个实体都可以运用证书请求有效载荷明确地向别的实体请求一个证书。如图9-37所示，就是这种载荷的格式。

图 9-37 证书请求载荷

我们已经讨论了一般文件头中的域。下面就讨论别的几种域：

证书类型 这个 8 比特的域就像在前面证书有效载荷中那样，定义证书的类型。

证书权威 这是一个可变长度的域，定义所发证书类型的权威性。

8. 散列有效载荷

散列有效载荷包含由散列函数生成的数据，就像我们在 IKE 交换中描述的那样。散列数据保证 ISAKMP 状态的信息或机构的完整性。如图 9-38 所示，就是这种散列有效载荷的格式。

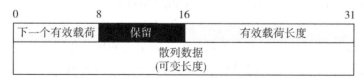

图 9-38 散列有效载荷

我们已经讨论了一般文件头中的域。下面讨论一下最后的域：

散列数据 这个可变长度的域传送散列数据，这些数据是把散列函数应用于 ISAKMP 状态下的信息和端口生成的。

9. 签名有效载荷

签名有效载荷包含一些数据，这些数据是把数字签名程序应用于一些信息端口或 ISAKMP 状态生成的。图 9-39 显示了签名有效载荷的格式。

图 9-39　签名有效载荷

我们已经讨论了一般文件头中的域。下面就介绍一下最后的域。

签名　这个可变长度的域传送把签名应用于信息端口或 ISAKMP 状态产生的摘要。

10. nonce 有效载荷

nonce 有效载荷包含作为 nonce，可以确保信息新鲜性并包含了可以使信息避免重放攻击的随机数。图 9-40 显示了 nonce 有效载荷的格式。

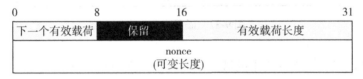

图 9-40　nonce 有效载荷

我们已经讨论了一般文件头中的域。下面介绍最后一个域。

nonce　这是一个可变长度的域，可以传送 nonce 的值。

11. 通告有效载荷

在协商过程中，有时通信的一方需要把状态和错误通知其他各方。通告有效载荷的设计就是为了这两个目的。通告有效载荷的格式如图 9-41 所示。

我们已经讨论了一般文件头下的域，下面介绍别的几种域。

DOI　这个 32 比特的域与为安全关联有效载荷定义的域是相同的。

协议 ID　这个 8 比特的域和建议有效载荷定义的域是相同的。

SPI 大小　这个 8 比特的域与建议有效载荷定义的域是相同的。

通告信息类型　这个 16 比特的域说明已报告的状态或错误类型，表 9-8 给出了这种类型的简要说明。ESPI 这个可变长度的域与建议有效载荷定义的域相同。

通告数据　这个可变长度的域可以传送关于状态或错误的额外的文本信息。错误的类型列举在表 9-8 中。从 31～8191 的值是为将来使用的，从 8191～16383 的值是为私人使

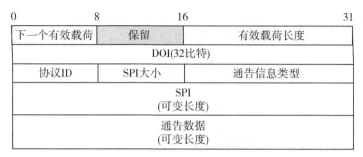

图 9-41 通告有效载荷

用的。

表 9-8 <span></span> 通告类型

值	描述	值	描述
1	无效的-有效载荷-类型	16	有效载荷-畸形的
2	POI-不-支持	17	无效的-密钥-信息
3	位置-不-支持	18	无效的-ID-信息
4	无效的-COOKIE	19	无效的-CERT-编码
5	无效的-主-版本	20	无效的-证书
6	无效的-次-版本	21	CERT-类型-不支持
7	无效的-交换-类型	22	无效的-CERT-权威
8	无效的-标记	23	无效的-散列-信息
9	无效的-信息-ID	24	验证-失败
10	无效的-协议-ID	25	无效的-签名
11	无效的-SPI	26	地址-通告
12	无效的-转换-ID	27	通告-SA-有效期
13	属性-不-支持	28	证书-不可用
14	不-建议-选择	29	不支持的交换-类型
15	不良-建议-语法	30	不同的-有效载荷-长度

表 9-9 是一个状态通知的列表。从 16385 到 24575 的值以及从 40960 到 65535 的值都保存起来以备将来使用，从 32768 到 40959 的值是为私人使用的。

表 9-9	状态通知值
值	描　述
16384	已链接
24576-32767	DOI-specific 代码

12. 删除有效载荷

使用删除有效载荷的是这样的实体，这种实体删除了一个或多个 SA，并且需要通知同等实体这些 SA 已不再受支持。如图 9-42 所示，就是这种删除有效载荷的格式。

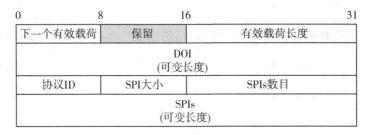

图 9-42　删除有效载荷

我们已经讨论了一般文件头下的域。下面讨论别的几种域。

DOI　这个 32 比特的域与安全关联有效载荷定义的域是相同的。

协议 ID　这个 8 比特的域与建议有效载荷定义的域是相同的。

SPI 大小　这个 8 比特的域与建议有效载荷定义的域是相同的。

SPI 数目　这个 16 比特的域定义 SPI 的数目。一个删除载荷可以报告几个 SA 的删除。

SPI　这个可变长度的域定义删除 SA 的 SPI。

13. 卖主有效载荷

ISAKMP 允许对于特殊卖主的信息交换。如图 9-43 所示，就是这种卖主有效载荷的格式。

我们已经讨论了一般文件头下的域。下面我们介绍最后一种域。

卖主 ID　这个可变长度的域定义卖主使用的常数。

图 9-43 卖主有效载荷

参 考 文 献

[1]张焕国. 信息安全工程师教程[M]. 北京：清华大学出版社，2016.

[2]沈连丰. 信息理论与编码[M]. 北京：科学出版社，2010.

[3]王丽娜. 信息安全导论[M]. 武汉：武汉大学出版社，2008.

[4]张焕国. 密码学引论[M]. 武汉：武汉大学出版社，2009.

[5]Behrouz A. Forouzan[美] 马振晗，贾军保，译. 密码学与网络安全[M]. 北京：清华大学出版社，2009.

[6]范洪彬，裴要强. 加密与解密实战全攻略[M]. 北京：人民邮电出版社，2010.

[7]William Stallings[美]. 密码编码学与网络安全：原理与实践[M]. 北京：电子工业出版社，2006.

[8]屈婉玲. 离散数学[M]. 北京：清华大学出版社，2012.

[9]胡志远. 口令破解与加密技术[M]. 北京：机械工业出版社，2003.

[10]陈恭亮. 信息安全数学基础[M]. 北京：清华大学出版社，2004.

[11]蔡皖东. 网络与信息安全[M]. 西安：西北工业大学出版社，2004.

[12]李海泉，李健. 计算机系统安全技术[M]. 北京：人民邮电出版社，2001.

[13]冯登国. 密码分析学[M]. 北京：清华大学出版社，2000.

[14]胡予濮，张玉清，肖国镇. 对称密码学[M]. 北京：机械工业出版社，2002.

[15]李世取，曾本胜. 密码学中的逻辑函数[M]. 北京：中软电子出版社，2003.

[16]王新梅，马文平，武传坤. 纠错密码理论[M]. 北京：人民邮电出版社，2001.

[17]章照止. 现代密码学基础[M]. 北京：北京邮电大学出版社，2004.

[18]马建峰，郭渊博. 计算机系统安全[M]. 西安：西安电子科技大学出版社，2005.

[19]郑东，赵庆兰，张应辉. 密码学综述[J]. 西安：西安邮电大学学报，2013.

[20]杨宇光，祝世雄. 基于三种密码体制的会话密钥分配协议[J]. 通信技术，2002.

[21]吴文玲，贺也平，冯登国，等. 欧洲21世纪数据加密标准候选算法简评[J]. 软件学报，2001.

[22]曾贵华，王育民，王新梅. 基于物理学的密码体制[J]. 通信学报，2000.

[23]秦志光. 密码算法的现状和发展研究[J]. 计算机应用，2004.

[24]林德敬，林柏钢. 三大密码体制：对称密码、公钥密码和量子密码的理论与技术[J]. 电讯技术，2003.

[25]温巧雁，张劼，钮心忻等. 现代密码学中的布尔函数研究综述[J]. 电信科学，2004.

[26]罗婉平. 现代计算机密码学及其发展前景[J]. 江西广播电视大学学报，2009.

［27］曹珍富，薛庆水. 密码学的发展方向与最新进展［J］. 计算机教育，2005.

［28］肖国镇，卢明欣，秦磊，来学嘉. 密码学的新领域：DNA 密码［J］. 科学通报，2006.

［29］Bancroft C，Bowler T，Bloom B，et al. Long-term storage of information in DNA［J］. Science，2001.

［30］COURTOIS N T，PIEPRZYK J. Cryptanalysis of block ciphers with overdefined systems of equations［A］. Advances in Cryptology-Asiacrpt 2002［C］. Berlin：Springer-Verlag，2002.

［31］COURTOIS N T. Higher order correlation attacks，XL algorithm and cryptanalysis of Toyocrypt［A］. Information Security and Cryptology 2002［C］. Berlin：Springer-Verlag，2003.

［32］MEIER W，PASALIC E，CARLET C. Algebraic attacks and decomposition of boolean functions［A］. Advances in Cryptology-Eurocrypt 2004［C］. Berlin：Springer-Verlag，2004.

［33］DALAI D K，GUPTA K C，MAITRA M. Results on algebraic immunity for cryptographically significant boolean functions［A］. Progress in Cryptology-Indocrypt 2004［C］. Berlin：Springer-Verlag，2004.